韓國第一品牌
天然手作保養品

170款獨門配方

以天然草本取代化學原料，
親手做清潔、保養、香氛用品，
享受無負擔生活

蔡柄製、金勤燮——著

黃薇之——譯

給開始做
天然保養品的你
🌢

一邊做著手工皂，同時陷入了它的魅力之中，因而開始接觸到天然保養品，不知不覺地已過了十年。最初一開始比任何人都要來得熱血，只是一旦成為工作後，偶爾也有覺得辛苦、厭煩的時候。不過，當有新的流行趨勢出現，或是開發出效果卓越的原料時，最初的熱情彷彿又重新被燃起，讓我繼續樂在工作當中。

我覺得天然保養品最大的魅力，就是能透過新穎的想法，做出各式各樣不同的選擇。如此一來，在挑選保養品時，就可以從「要買哪個牌子」的思考模式中脫離出來。或許當大家對於親自製作保養品不再感到陌生時，說不定還會覺得「這麼簡單又好用，為何到現在才知道呢？」

還記得我們知道能依照適合的膚質親自製作保養品時，感到非常新奇，試擦了幾次之後，又做了各種保養品分享給周遭的人，並樂在其中。尤其是能做給家人或朋友更安全又有效的保養品時，獲得的喜悅和滿足又來得更多，也許就是因為這樣才開始從事製作天然保養品的事業。

做給家人或朋友更安全又有效的保養品時，
獲得的喜悅和滿足又來得更多，
也許就是因為這樣才開始從事製作天然保養品的事業。

本書收錄了我們過去製作天然保養品的配方時，所累積下來的專業
技術，將日新月異、不斷推陳出新的保養品材料經過測試，並親自
試擦後，費盡苦心找出最好的組合，才有的成果。

嚴選出能解決讀者皮膚困擾、最有效且安全的配方，才收錄在書中，
此外，如果是對天然保養品感到好奇並相信它而開始的初學者，也
篩選並收錄了值得新手信賴的配方。

希望透過這本書，讓各位讀者在製作專屬保養品的過程中，獲得幫
助。書中所刊載約 170 個配方，皆有詳細記載關於材料的說明與效
果。也希望各位在親自製作的過程中，能發現適合自己肌膚的保養
品，並將這份喜悅分享出去。此外，期盼未來有更多人開始製作天
然保養品，並將這樣的快樂與大家共享。

在此要對參與本書艱難的製作給予幫助的蔡恩淑、金京美小姐，致
上萬分的感謝。直到本書出版都費盡苦心的 WHAT SOAP 員工，以
及為了做出好書辛苦的崔宥莉室長、攝影師奇成律先生、造型師金
素京小姐，也再次傳達感謝之意。

WHAT SOAP 蔡秉制 金謹燮

註：如有配方材料的疑問，可向保養品化工材料行諮詢，請見 p.238

PART 1
給初學者的基礎配方
FOR BEGINNERS

PART 2
打造亮澤美肌的專屬配方
FACIAL CARE

PART 3
溫和的身體
清潔配方
BODY CARE

PART 4
給親愛家人
的天然配方
FAMILY CARE

PART 5
放鬆的香氛配方
AROMA THERAPY

本書的
使用方法

●

每個人都能找到適合自己的專屬配方
不管是天然保養品的製作新手，或是
想要針對個人膚質「量身打造」配方
的讀者，都能從本書中有所獲得。
如果是初次製作天然保養品的人，請
先翻開 PART1，詳細閱讀材料與工
具的說明，充分理解材料或工具中出
現的用語後，再熟悉電子秤的使用方
法。接著從只需計量好材料並混合的
潔顏油、化妝水、精華液開始，慢慢
試做看看。做的時候如果有好奇之
處，請參考第 30 頁給初學者的建議。

準備材料與工具

「材料」後所標示的數字，即為製作
完成的保養品總量，參考總量後再挑
選保養品的盛裝容器。材料的計量以
克（g）為基準，參照左邊的「材料」
與「工具」，進行準備。請記得先將
工具與盛裝保養品的容器，以酒精噴
灑消毒。
所有的準備都完成後，將電子秤開
啟，放上玻璃量杯，接著參考照片，
依序計量材料再混合即可。

水相層、油相層、添加物、精油

需要乳化過程的乳液或乳霜中，有些
材料會需要先放入再相溶的情況，可
分為水相層、油相層、添加物和精
油。蒸餾水、水類的為水相層，而各
種油類就屬於油相層。先準備好材
料，再依照製作方法，依序放入。

---

09. MIST & TONER

加入保濕效果卓越的蘆薈萃取液

天然保濕噴霧

難易度 ●○○
膚質 乾性
功效 保濕、美白
保存 室溫
保存期限 1 ～ 2 個月

在各種植物中，保濕與美白功效最出色的植物，就是蘆薈了。天然保
養品中會加入蘆薈膠、蘆薈萃取液等各種不同的形態。蘆薈萃取液不
只有保濕的功效，還能預防皮膚受到紫外線的傷害，還可以當成噴霧
使用。

材料（100g）
玫瑰花水 60g
蒸餾水 30g
蘆薈萃取液 5g
甘油 4g
天然防腐劑（Napre）1g
玫瑰天竺葵精油 2 滴
真正薰衣草精油 3 滴

工具
玻璃量杯
電子秤
攪拌刮勺
噴瓶（110ml）

作法 | How to Make

① 將玻璃量杯放在電子秤上，依序倒入量好分量的玫瑰花水、蒸
餾水、蘆薈萃取液、甘油、天然防腐劑，然後用刮勺攪拌均勻。

② 滴入玫瑰天竺葵、真正薰衣草精油並混合均勻。

③ 倒入事先消毒過的容器，靜置一天待熟成後再使用。

用法 | How to Use

先將雙手洗淨，再從距離臉部 15 公分處噴灑，並用手輕拍幫助吸收，再用化妝棉
輕輕擦去多餘無法吸收的噴霧。如果是帶妝的情況，噴灑完後，則是用手輕輕按壓
額頭和雙頰部位。
玫瑰花水為香氣最強烈的花水，假使對於香氣較敏感，可以減少玫瑰花水的分量，
再加入等量的蒸餾水。

→替代材料
玫瑰花水→德國洋甘菊花水
蘆薈萃取液→玫瑰花水

替代材料

製作天然保養品時，不一定所有的材料都要備齊，可以
用具有相同效果的材料來替代。確認替代材料後，就能
盡量活用手邊現有的材料。原本的材料和替代材料如果
分量不同時，會另外標示說明。

豐富且清爽的抗氧化能量

輔酶 Q10 化妝水

難易度 ●○○
膚質 老化
功效 改善皺紋
保存 室溫
保存期限 1～2 個月

因為具有比維他命 E 更好的抗氧化功效而知名的輔酶 Q10，是很優秀的預防老化原料，能去除會促使老化的活性氧，並恢復肌膚的活力與彈性。每天早上用化妝棉沾濕橘色的化妝水，來調整皮膚肌理吧，感覺就像是將輔酶 Q10 滿滿的能量傳遞到皮膚深處一般。

材料（100g）
蒸餾水 50g
蘆薈水 20g
薰衣草花水 10g
仙人掌萃取液 10g
輔酶 Q10（水溶性）5g
甘油 4g
天然防腐劑（Napre）1g

工具
玻璃量杯
電子秤
攪拌刮勺
噴瓶（110ml）

作法 │ How to Make

① 將玻璃量杯放在電子秤上，依序倒入量好分量的蒸餾水、蘆薈水、薰衣草花水、仙人掌萃取液、輔酶 Q10、甘油、天然防腐劑，然後用刮勺拌勻。

② 倒入事先消毒過的容器，靜置一天待熟成後再使用。

用法 │ How to Use

用化妝棉充分沾濕化妝水，接著從臉部中央往外側擦拭。

輔酶 Q10 可分成水溶性與脂溶性，水溶性主要和蒸餾水、花水等水相層材料混合，製成化妝水和精華液；脂溶性的輔酶 Q10 會和油相層的材料，就是油蠟等混合，做成乳液和乳霜，因此請將兩種分開來使用。

不加精油的理由，是因為已經加了蘆薈水、薰衣草花水、仙人掌萃取液、輔酶 Q10 等水狀且有優良機能的材料。

確認難易度、膚質

如果是初學者，請先確認難易度是否合適。

標示一顆水滴（●○○），只要將材料依序放入並混合就能完成，是非常簡單的配方。兩顆水滴（●●○），則是在一個玻璃量杯中，先放入油、蠟等融化後，再加入精油的配方。三顆水滴（●●●），則是要將兩個量杯放在加熱板上加熱，還需要調節兩個量杯的溫度進行乳化過程。

依照乾性、老化、油性等不同膚質，選擇適合自己肌膚的配方即可。

保存方法

由於所有的天然保養品加入的都是天然防腐劑，在室溫下大約可保存 3 個月左右。放在乾燥陰涼的地方，並避免光線直射，是最基本的保存方式。放入冰箱冷藏則可以延長使用期限 1 至 2 個月。一定要冷藏的保養品，則會標示「冷藏」。

用法 How to Use

完成的保養品該如何使用，有什麼注意事項，皆有詳細說明。

材料說明

關於材料的說明，請一定要仔細閱讀，才能知道具有什麼樣的效果，並累積材料的相關知識，有助於研發調配適合自己膚質的配方。也記載了剩餘材料的利用方法等各種有用的製作訣竅。

外來語的標示

書中外來語的標示，以我們較熟悉的翻譯為優先。舉例來說，Hyaluronic acid 又可翻作透明質酸，為了避免造成混淆，會使用購買保養品材料時較通用的「玻尿酸」。

PART 1

給初學者的基礎配方
FOR BEGINNERS

第一次挑戰製作天然保養品，
也許對於材料與工具的名稱感到陌生，也試著開始動手做做看吧。
給初學者的簡單配方中，首先會詳細說明材料與工具，
接著介紹只需將所有材料混合，就能完成的簡單配方。
從潔顏乳到保濕霜，試著製作最基本的天然保養品吧。

給初學者的基礎配方

第一次挑戰製作天然保養品也無須擔心，

本章介紹的是只要將所有材料混合就能完成，

既簡單又容易，而且含有對皮膚有益成分的配方。

關於
天然保養品
🌢

在我們過去的生活中，那些原本覺得理所當然的清潔用品、保養品，正不知不覺地危害著環境，甚至對健康造成威脅，因此讓追求環保與天然生活的人日益增多。選擇符合自己膚質、幾乎無添加化學成分，能親自製作的天然保養品，無疑是一種友善環境、有益肌膚的健康選擇。

「天然保養品」指的就是僅使用植物性原料所製成的保養品。不使用化學性的防腐劑（對羥基苯甲酸甲酯、苯氧乙醇、對羥基苯甲酸丙酯等），只用植物性原料、添加植物性防腐劑來製作。

市面上所販售的天然保養品，由於沒有添加化學防腐劑，因此在分類時被歸類為天然保養品，但並不代表完全只使用植物性原料。舉例來說，無對羥基苯甲酸酯的保養品，就僅僅是無添加對羥基苯甲酸酯而已，有極大的可能是添加了其他的化學成分。雖然很難有100％純天然的保養品，但想要盡可能地使用接近天然的保養品，與其選擇市售的保養品，更推薦使用親自製作的天然保養品。

天然保養品與一般保養品的差異

在保養品的分類中，只要沒有添加化學性的防腐劑（對羥基苯甲酸甲酯、苯氧乙醇、對羥基苯甲酸丙酯等），就全部歸類為天然保養品。不過，本書收錄的配方所製成的天然保養品，不但不只沒有添加防腐劑，甚至連基本的原料都是以植物性材料為主。

原料的差異

添加原料	天然保養品	一般保養品
防腐劑	天然漢方防腐劑	化學防腐劑
油相層（油）	植物油	礦物油、矽油
保濕劑	植物性保濕劑	一般保濕劑
抗氧化劑	植物性維他命 E	維他命 E
機能性添加物	天然機能性添加物 5～20%	機能性添加物 1～5%
水相層（蒸餾水）	蒸餾水	蒸餾水

雖然不是所有市面上的保養品都會添加化學成分，但和天然保養品相比，則是占有較高的比例。保養品中添加的化學成分會刺激皮膚，或是有致痘的情況，因此讓許多人更喜愛使用天然保養品。

天然保養品的製作原理

一般保養品的製作原理與天然保養品相同。舉例來說，我們常用的乳液或乳霜，是混合了油相（油）與水相（水）所製作而成，使用乳化劑就能融合不易混合的水和油，透過這樣的過程產生黏性之後，就能形成乳液或乳霜的劑型，再添加各種類型的機能性添加物（膠原蛋白、玻尿酸等）就完成了。

製造保養品的公司，在這所有的過程中都是使用機器來大量生產，將這樣的過程簡化，就能在家中簡單地製作。本書所收錄的配方，就是用簡單的工具、容易取得的原料，就能親手製作出天然保養品。不只乳液和乳霜，各種化妝水、面膜，以及清潔相關的手工皂、洗髮精、潤髮乳、潔顏乳等，大部分的產品都能自行製作。此外，本書還具有做法盡可能簡單，無論是誰都能夠跟著做的特色。

下方的表格簡單地說明各式保養品的製作原理，方便大家比較其差異，於後面專門章節會有更詳細的解說，只要照著步驟操作，每個人都可以輕鬆地做出天然保養品。

各式保養品的製作方式

乳液、乳霜	利用乳化劑將水和植物油混合，再添加機能性添加物製作而成
洗髮精、潤髮乳	混合植物性界面活性劑與植物性萃取物製作而成
潔顏油	混合植物油與可溶化劑即可製作完成
手工皂	混合植物油與氫氧化鈉，再經皂化即可製作完成
化妝水、噴霧	混合水（蒸餾水）與機能性添加物來製作
機能性乳霜	和乳液、乳霜的做法相同，再添加機能性添加物
精華液、安瓶	混合高機能性添加物來製作

工具
與材料
♦

在我們過去的生活中，那些原本覺得理所當然的清潔用品、保養品，正不知不覺地危害著環境，甚至對健康造成威脅，因此讓追求環保與天然生活的人日益增多。選擇符合自己膚質、幾乎無添加化學成分，能親自製作的天然保養品，無疑是一種友善環境、有益肌膚的健康選擇。

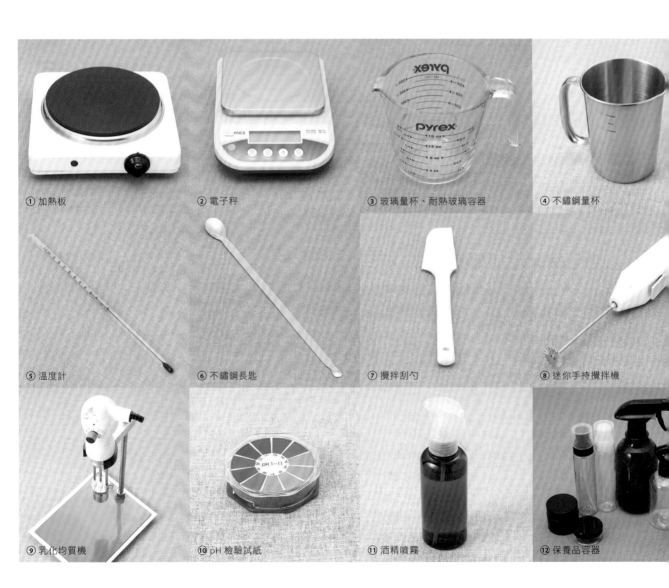

① 加熱板

② 電子秤

③ 玻璃量杯、耐熱玻璃容器

④ 不鏽鋼量杯

⑤ 溫度計

⑥ 不鏽鋼長匙

⑦ 攪拌刮勺

⑧ 迷你手持攪拌機

⑨ 乳化均質機

⑩ pH 檢驗試紙

⑪ 酒精噴霧

⑫ 保養品容器

使用工具

① 加熱板

進行加熱時所需的工具。使用加熱板作為加熱工具，會比瓦斯爐或微波爐來得安全。使用完畢後，要養成將電源插頭拔掉的習慣，此外，不使用時，不要將重物放在加熱板上。也可利用電磁爐加熱，操作時要小心。

② 電子秤

製作手工皂或保養品等所有的天然製品時，最重要的就是準確的計量。根據不同的電子秤種類，可以以 1 克或 0.1 克為單位來計量。而製作天然保養品，需要用到電子秤時，就要使用能細微計量到 0.1 克的電子秤。

③ 玻璃量杯、耐熱玻璃容器

雖然玻璃脆弱有易碎的風險，但因為材質透明、方便確認內容物，仍建議作為計量並加熱材料的容器。如果厚度太薄的量杯用起來不放心，可以使用耐熱玻璃容器來取代。耐熱玻璃容器的用途雖然和玻璃量杯一樣，但較為堅固且耐熱度佳，更為安全。

④ 不鏽鋼量杯

以不鏽鋼材質製作的量杯，特色是不會因外力衝擊而破碎，高溫加熱時也不會有危險。要一次製作大量的保養品或手工皂時，可以使用不鏽鋼鍋。用來製作洗髮精時，請一定要清洗乾淨，因為材料中所含的界面活性劑，可能會使不鏽鋼量杯腐蝕。

⑤ 溫度計

雖然部分天然保養品的配方中，沒有加熱的步驟，但大部分的配方都需經過加熱的過程，因此溫度計為必要的工具之一。

⑥ 不鏽鋼長匙

盛裝或計量材料時所使用的湯匙，由於為不鏽鋼材質，有著不易腐蝕且方便消毒的優點。

⑦ 攪拌刮勺

用矽膠材質做成的攪拌刮勺，可將製作好的天然保養品，從玻璃量杯、耐熱玻璃容器中盛入容器內。

⑧ 迷你手持攪拌機

用乾電池來轉動的迷你手持攪拌機，在混合 100 毫升的少量材料時，較方便使用，而且比用手打攪拌來得便利許多。使用後需將電池拆掉，如果長時間暴露在濕氣中，會很容易故障。

⑨ 乳化均質機

在保養品公司或製造工廠中，用來實驗用的乳化均質機，加以改良成為一般家庭也能使用的產品。比手工混合或使用迷你手持攪拌機，更容易完成穩定的乳化步驟。製作黏度高的乳霜類時，由於需要長時間運轉乳化均質機，可能會使機器故障，使用時間大約為 10 分鐘左右較佳。

⑩ pH 酸鹼檢驗試紙

製作好保養品後，用來測試 pH 值（氫離子濃度）的試紙。以試紙測試並確認保養品的酸鹼度，再使用於肌膚上，會更為安全安心。試紙可檢測出 pH1 到 11 之間，1 ～ 6 為酸性，7 為中性，8 ～ 11 則表示為鹼性。

⑪ 酒精噴霧

將酒精裝入噴瓶中。製作天然保養品時，工具、容器等一定要事先消毒。將酒精裝入噴瓶再適量地噴灑，會比直接倒酒精擦拭更有效果。

⑫ 保養品容器

盛裝天然保養品的容器，根據不同種類可分為噴瓶、精華液瓶、安瓶、壓瓶等各式各樣的容器。先確認完成的保養品分量後，再根據需求選擇即可。裝入保養品前，需要噴灑酒精消毒。

電子秤使用方式

① 將電子秤放在平坦處，按下 ON/OFF 的按鍵。

② 電子秤顯示為「0」時，放上玻璃量杯或耐熱玻璃容器。

③ 按下歸零鍵，將重量單位設定為「0」，慢慢放入材料
　來秤重。

④ 再按一次歸零鍵，即可繼續計量其他的材料。

基本材料

水相層

包含蒸餾水在內的親水性材料，標記為水相層。製
作乳液或乳霜時，基本材料可分為水相層和油相
層，水相層則包含了蒸餾水與保濕劑等。

油相層

指的是包含植物油等所有的油類。大部分製作天然
保養品時會加入的材料，像是植物油、親油性材料
等都標記為油相層。

蒸餾水

幾乎所有天然保養品的配方都會加入的基本材料，
將水經蒸餾或通過離子交換樹脂，精製成乾淨的
水。乳霜或乳液中有 60 ～ 80% 會加入蒸餾水。

添加物（機能性添加物）

添加物就如同字面上的意思，加入保養品中具有提
高機能的作用，最具代表性的萃取液、機能性材料
等，都屬於添加物。一開始 DIY 天然保養品，較多

是直接加入萃取液，但最近的趨勢則是偏好各種機能性材料，像是 EGF（表皮生長因子）、Retinol（維他命 A 醇）、膠原蛋白、彈力蛋白（Elastin）、Moist24（白茅草萃取）等，以高機能性的材料最具代表性。機能性添加物根據效能來分類，可分為改善皺紋、保濕、美白、抗老、改善青春痘、鎮定皮膚等。

改善皺紋添加物	EGF、FGF、膠原蛋白、彈力蛋白、玻尿酸等
保濕添加物	甘油、玻尿酸、Moist24、聚季銨鹽 -51、絲質胺基酸等
美白添加物	熊果素、熊果素微脂粒、甘草萃取物、菸鹼胺

乳化劑
製作乳霜或乳液時要添加的基本材料，能混合性質無法相容的水和油，並同時做出我們熟悉的黏性。

界面活性劑（乳化劑）
由於水和油是無法彼此相容的性質，需要加入界面活性劑來混合。製作乳液或乳霜時所使用的蠟類，就屬於乳化劑和界面活性劑的一種。香皂、洗髮精的主要材料也是界面活性劑。

植物油
一般油脂的定義，是指室溫下為液體，具有黏性且為可燃性，不溶解於水中，並會形成層狀的物質。油由硬脂酸、棕櫚酸、肉豆蔻酸等各種脂肪酸所組成，並含有各種飽和脂肪酸與不飽和脂肪酸。

油可依照不同的萃取材料或方式來區分，大致上可分為礦物油、植物油與動物油。從植物中萃出的植物油，會用來做為天然保養品的油相層材料，也稱為基礎油或基底油。植物油對皮膚有極佳的親和力，並含有各種功效的成分。植物油的種類有大麻籽油、大豆油、葵花籽油、菜籽油、月見草油、橄欖油等，一般家庭常用的食用油也包含在內。

精油（Essential Oil）
指的是從天然草本植物中萃取出帶有香氣的油，含有植物所具有的生命力、能量等重要機能的成分。精油的香氣透過鼻子、皮膚，被人體吸收後，不只會對中樞神經產生作用，還會滲透至體內內臟中或皮膚深層，能呈現各種功效。

用做芳香療法的精油，大部分會從鼻子吸收來使心情愉快，或是鎮靜身心、減少不安感等，有多樣的用途。另外，用於皮膚時，精油的各種成分能發揮改善皺紋、肌膚問題、收斂、殺菌等各種功效。由於精油直接用在皮膚上，或是大量使用時，可能會造成刺激，一定要依照配方指示的分量來使用。

香精油（Flavor Oil）
香精油為食物香味油。我們常喝的草莓牛奶、香蕉牛奶、護唇膏、唇蜜中，都會添加。雖然不會用在基礎保養品中，但在製作護唇膏、唇蜜時就會使用。

乙醇（酒精）
乙醇就是我們常說的酒精，用在消毒容器或是少量加入化妝水中，部分的配方也會為了乳化作用而添加。

天然粉末
薏仁、綠豆等穀物類的粉末，或是黃土、黏土等的粉末，利用中藥的甘草、魚腥草等做成的粉末，也都屬於天然粉末。每種粉末都有其專有的成分，不止可以用來作成天然面膜，也是製作手工皂時重要的材料。

用水就能洗淨的清爽潔顏品

綠茶籽潔顏油

難易度	◐△△
時間	10 分鐘
膚質	油性、青春痘
功效	鎮靜皮膚困擾
保存	室溫
保存期限	2 ～ 3 個月

雖然只是簡單混合幾種材料就能完成的配方，卻能柔和且清爽地洗去皮膚上的老廢物質。如果只是簡單的淡妝，利用潔顏油將全臉輕輕地按摩，再以清水洗淨；濃妝時，要先擦去彩妝再使用即可。可將一整天的疲勞也一起帶走，讓肌膚享受清爽舒暢的感覺。

材料（100g）

綠茶籽油 60g

杏核油 15g

荷荷巴油 10g

橄欖液 13g

維他命 E 2g

真正薰衣草精油 5 滴

茶樹精油 2 滴

工具

玻璃量杯

電子秤

攪拌刮勺

酒精噴霧

容器（100ml）

作法 | How to Make

① 將酒精噴霧裝入噴瓶中，均勻且反覆噴灑於玻璃量杯、刮勺 3 ～ 4 次。

② 將玻璃量杯放在電子秤上，依序倒入量好準確分量的綠茶籽油、杏核油、荷荷巴油、維他命 E。

③ 放入橄欖液，用刮勺拌勻。

④ 滴入真正薰衣草、茶樹精油，再以刮勺混合均勻。

⑤ 倒入事先消毒過的容器，輕輕用手掌包覆，再一邊滾動一邊混合。

用法 | How to Use

只要有一瓶潔顏油，就能完成所有洗臉的步驟，而且只要用過一次，就會想繼續做來使用。使用可沖洗的潔顏油時，先將雙手洗淨，接著按壓 2 ～ 3 次，將潔顏油擠出，均勻塗抹在臉上並輕輕按摩，就能將殘留的彩妝清除。但要注意，若持續按摩 1 分鐘以上，老廢物質會重新被皮膚吸收。以溫水洗淨後，再用洗面皂清洗即可。

綠茶含有能調節油性肌膚的兒茶素，能調節皮脂分泌並緩和肌膚問題，富含維他命 C 也有使肌膚明亮的功效。

荷荷巴油是不會造成皮膚負擔的植物油，優點是能被皮膚快速吸收，如果是乾性皮膚，還能用荷荷巴油來代替乳液。

用起來清爽溫和，還有隱隱香氣

玫瑰花水化妝水

難易度 ◐△△	
時間 10 分鐘	
膚質 乾性	
功效 保濕、彈力	
保存 室溫	
保存期限 1 ～ 2 個月	

洗完臉後最先擦拭的化妝水，能清除殘留在皮膚上的老廢物質，給予清爽觸感，若還能感受到清新、水潤以及讓心情變好的香氣，就更棒了。玫瑰花水有顯著的淡化皺紋、皮膚再生的效果，再加入金合歡膠原蛋白，就能兼顧保濕與肌膚彈性。

請將有優秀保濕效果的化妝水裝入噴瓶中，當成噴霧使用。

材料（**100g**）

玫瑰花水 100g

蒸餾水 30g

金合歡膠原蛋白 2g

洋甘菊萃取液 3g

甘油 3g

橄欖液 1g

天然防腐劑（Napre） 1g

3％的玫瑰精油加荷荷巴油 5 滴

工具

玻璃量杯

電子秤

攪拌刮勺

酒精噴霧

化妝水容器（100ml）

作法 │ How to Make

① 將酒精噴霧噴灑在玻璃量
杯、刮勺、化妝水容器上，
進行消毒。

② 將玻璃量杯放在電子秤上，
依序倒入量好準確分量的玫
瑰花水、蒸餾水，然後用刮
勺拌勻。

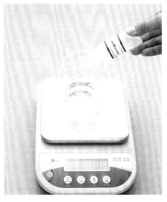

③ 依序放入金合歡膠原蛋白、
洋甘菊萃取液、甘油、橄欖
液、天然防腐劑，再用刮勺
拌勻。

④ 加入 3% 的玫瑰精油加荷荷
巴油，以刮勺拌勻。

⑤ 倒入事先消毒過的精華液容
器中，靜置一天待熟成後再
使用。

＋附加配方

玫瑰花水噴霧（100g）

玫瑰花水95g、玻尿酸3g、天然防腐劑1g、3%的玫瑰精油加荷荷巴油5滴

用法 │ How to Use

洗臉後，將化妝棉沾滿化妝水，輕輕
擦拭全臉。如果覺得眼周特別乾燥，
可以試著濕敷「5 分鐘化妝水面膜」。
把化妝棉剪成小片，並充分沾濕化妝
水，緊密地敷在眼下或是乾燥處。約
5 分鐘過後，拿起化妝棉，再開始進
行基礎保養的步驟即可。化妝棉請盡
量選擇有機棉的製品，因為加了螢光
劑或漂白劑的棉花，可能會對皮膚造
成刺激。

玫瑰花水是在萃取玫瑰精油時所產生
的副產物，很適合用來當成化妝水或
噴霧的原料。

想要延長化妝水使用期限的話，請將
玫瑰花水與蒸餾水混合後，放在加熱
板上加熱至約 60℃ 左右。

將水分迅速傳達到肌膚

水性荷荷巴精華液

能供給肌膚水分與養分的精華液又稱為「serum」。想要製作只需混合材料就能完成的簡單精華液時,最先想到的就是水性荷荷巴油,由於易溶於水且做法簡單,肌膚能快速吸收,感受到濕潤的飽水感。

難易度 ◐△△
時間 10 分鐘
膚質 乾性、老化
功效 保濕、改善膚色
保存 室溫
保存期限 1 ～ 2 個月

材料（**100g**）
玫瑰花水 38g
水性荷荷油 7g
玻尿酸 2g
蘆薈膠 32g
天然防腐劑（Napre） 1g
真正薰衣草精油 5 滴
乳香精油 2 滴

工具
玻璃量杯
電子秤
不鏽鋼長匙
攪拌刮勺
迷你手持攪拌機
精華液容器（100ml）

作法 | How to Make

① 將玻璃量杯放在電子秤上，依序倒入量好準確分量的玫瑰花水、水性荷荷巴油。

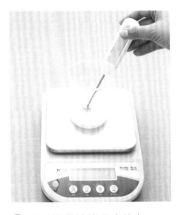

② 用手持攪拌機混合均勻。

③ 用不鏽鋼長匙舀入玻尿酸、蘆薈膠、天然防腐劑，用刮勺拌勻。

④ 依序滴入真正薰衣草、乳香精油，再以刮勺混合均勻。

⑤ 待產生黏性後，倒入事先消毒過的精華液容器，放置室溫下一天，待熟成再使用。

用法 | How to Use

水性荷荷巴油是將有機黃金荷荷巴油經過改良工法，做成較容易溶解於水中的製品。由於水和油不容易相溶，難以做成精華液，透過改良工法就能改善這樣的缺點。早晚擦拭就能改善暗沉的膚色，強力推薦給對於膚色不均感到困擾的人！

強大的保濕抗老薄膜

全方位保養乳液

怎麼樣的乳液才會被稱為是「極緻完美」呢？除了出色的保濕效果，還要加入抗老成分。如果擦了乳液或保養油，肌膚還是感到乾燥、緊繃，或是覺得皮膚失去彈性時，推薦這款全方位保養乳液。和簡單混合材料的做法稍有不同，製作過程雖然多了「乳化」的步驟，只要慢慢地依照順序來做，很快就能上手。

難易度 ●●●
時間 20 分鐘
膚質 乾性、老化
功效 保濕、抗老
保存 冷藏
保存期限 1～2 個月
rHLB（註）7.38

註：HLB 為親水親油平衡值，也稱水油度，rHLB 為 required HLB 的縮寫，即成功乳化條件時的所需 HLB 值。

材料（100g）

水相層
覆膜酵母菌發酵產物濾液 65g
甘油 2g
玻尿酸 2g
天然防腐劑（Napre）1g

油相層
乳油木果脂 6g
酪梨油 8g
小麥胚芽油 2g
橄欖乳化蠟 2.8g
GMS 乳化劑 1.2g

添加物
FGF（纖維母細胞生長因子）6g
蘆薈萃取液 3g
維他命 E 1g

精油
3% 的玫瑰精油加荷荷巴油 10 滴

工具
玻璃量杯 2 個
電子秤
攪拌刮勺
加熱板
溫度計
迷你手持攪拌機
容器（100ml）

作法 | How to Make

① 將玻璃量杯放在電子秤上，然後計量水相層（覆膜酵母菌發酵產物濾液、甘油、玻尿酸、天然防腐劑）的材料。由於水相層材料可能會蒸發，要多加入約 1～2g。

② 將玻璃量杯放在加熱板上，加熱至 70～75℃。由於水相層溫度上升比油相層來得慢，加熱板的溫度控制要設定在 3～4 的火力。

③ 將另一個玻璃量杯放在電子秤上，依序計量油相層（乳油木果脂、酪梨油、小麥胚芽油、橄欖乳化蠟、GMS 乳化劑）的材料。

FGF 是許多昂貴抗老保養品中一定會加入的成分，還有個很長的名字為「纖維母細胞生長因子」，能幫助皮膚細胞活性化，維持整體肌膚明亮白皙。在能優化皮膚的 FGF 中，加入乳油木果脂、酪梨油混合，就會有戴上一層厚實的保濕防護網的感覺，因此能為肌膚帶來一整天的彈性水潤。

→替代材料

覆膜酵母菌發酵產物濾液→玫瑰花水
天然防腐劑（Napre）→漢方防腐劑（IndiGuard-N）
蘆薈萃取液→薔薇萃取液

④ 將油相層的量杯放在加熱板上，加熱至 70 ～ 75℃。加熱板的溫度控制設定在 2 的火力，約加熱至 70 ～ 75℃。中途要不時攪拌，使乳化蠟更快融化。

⑤ 將 2 個量杯的溫度調節至 70 ～ 75℃。水相層與油相層溫度差要在 3℃ 以內，才能穩定地進行乳化。

⑥ 將兩個量杯從加熱板上取下，將第二個量杯（油相層）慢慢倒入第一個量杯（水相層）中，並同時用刮勺持續攪拌。

⑦ 用手持攪拌機進行混合。如果用刮勺攪拌會使乳化散開，乳液黏度就會變稀，因此使用手持攪拌機較佳。

⑧ 當溫度下降至 50 ～ 55℃，出現黏度時，再一一依序加入添加物（FGF、蘆薈萃取液、維他命 E），並同時用刮勺持續攪拌，再用迷你手持攪拌機混合，最後以刮勺攪拌 1 ～ 2 分鐘，讓氣泡漸漸消失。

⑨ 加入精油（3％ 的玫瑰精油加荷荷巴油）並混合。待溫度下降至 40 ～ 45℃ 時，直接倒入容器中。

抗皺保濕，恢復肌膚彈性

知母萃取乳霜

Volufiline 是從百合科多年生草本植物——知母的根部萃取而成的新保養品成分。由於含有大量人蔘的主要成分皂苷，是對皮膚彈性、供給養分非常有效的原料。可以擦拭在容易產生皺紋的眼周，或是法令紋等令人擔心的部位，不僅容易吸收，還能深層供給肌膚養分。

難易度 ●●●
時間 20 分鐘
膚質 老化
功效 改善皺紋、彈性
保存 室溫
保存期限 1～2 個月
rHLB 6.67

材料（50g）

水相層
Volufiline 萃取液 5g
蒸餾水 18g
玫瑰花水 5g

油相層
鴯鶓油 3g
荷荷巴油 7g
薔薇果油 2g
橄欖乳化蠟 2g
GMS 乳化劑 1g

添加物
玻尿酸 2g
神經醯胺（水相層）1g
天然防腐劑（Napre）1g
Retinol（維他命 A 醇）1g
維他命 E 1g

精油
真正薰衣草精油 10 滴
乳香精油 3 滴
3%的玫瑰精油加荷荷巴油 10 滴

工具
玻璃量杯 2 個
電子秤
攪拌刮勺
加熱板
溫度計
不鏽鋼長匙
迷你手持攪拌機
乳霜容器（50ml）

作法 | How to Make

① 將玻璃量杯放在電子秤上，然後計量水相層（Volufiline 萃取液、蒸餾水、玫瑰花水）的材料。

② 將玻璃量杯放在加熱板上，加熱至 70～75℃。

③ 將另一個玻璃量杯放在電子秤上，用不鏽鋼長匙依序計量油相層（鴯鶓油、荷荷巴油、薔薇果油、橄欖乳化蠟、GMS 乳化劑）的材料。

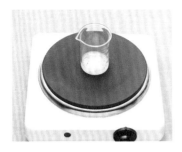

④ 將玻璃量杯放在加熱板上加熱，溫度控制設定在 2 的火力，約加熱至 70 ～ 75℃。中途要不時攪拌，使乳化蠟更快融化。

⑤ 將兩個量杯的溫度調節至 70 ～ 75℃。

⑥ 將兩個量杯從加熱板上取下，將第二個量杯（油相層）慢慢倒入第一個量杯（水相層）中。

⑦ 用手持攪拌機進行混合。如果用刮勺攪拌會使乳化散開，乳液黏度就會變稀。

⑧ 當溫度下降至 50 ～ 55℃，開始出現黏度時，再依序加入添加物（玻尿酸、神經醯胺、天然防腐劑、維他命 A 醇、維他命 E），並同時用攪拌刮勺持續攪拌。

⑨ 加入精油（真正薰衣草、乳香、3% 的玫瑰精油加荷荷巴油）並混合。

⑩ 待溫度下降至 40 ～ 45℃時，直接倒入乳霜容器中。假使黏度過高會不容易倒入容器中。

Volufiline 為亞洲地區野生植物「知母」的根部所萃取出的成分，具有能活化脂肪的成分，安全性高且被認可的卓越功效，在全世界被廣泛使用。皂苷含量很高，具有改善膚色、加強彈性、供給養分、保濕等出色效果，多用來加入改善皺紋的保養品中。

GMS 乳化劑（Glyceryl monostearate）是從椰子果實與大豆油中萃取出的成分，為一種刺激性低的乳化劑。

給初學者的
建議
◆

親自動手做天然保養品之後，就會開始出現各種疑問。這裡收集了第一次挑戰製作天然保養品的人最常問的問題，從計量到乳化，解決初學者所有好奇的疑問，請詳細閱讀看看吧。

Q：可以用電磁爐取代加熱板嗎？
可以，將耐熱玻璃量杯放在電磁爐上，使用時再以溫度計確認溫度即可。

Q：每種保養品都要放入防腐劑嗎？
製作天然保養品時，一定要加入天然防腐劑。從植物與香草中萃取的成分做成的天然防腐劑，具有抗菌與少許的保濕效果。
天然保養品中所使用的天然防腐劑有 Multi-Naturotics、IndiGuard-N、Napre 等。Multi-Naturotics 是萃取自洋甘菊、木蓮、側柏、柳樹等植物；IndiGuard-N 則是萃取自五倍子、訶子、石斛、山椒；而 Napre 是以山椒、白頭翁、苔蘚中萃取出的成分所製成。
加入天然防腐劑可放置於室溫保存 3 個月，請置於乾燥陰涼處，並避免光線直射。在炎熱的夏季或想要有更穩定的防腐效果，也推薦冷藏保存，但放於保養品專用的冰箱會更好。無添加天然防腐劑的保養品，就一定要冷藏保存，而且盡可能地在 2 周內使用完畢。

Q：玻璃量杯很容易打破，為什麼呢？
玻璃量杯會因為溫度的差異太大或外力衝擊而破碎。如果將原本放在冰冷處的量杯，馬上放到加熱好的加熱板上，或是將加熱過的量杯放到冰冷的桌面上，產生過大溫差時就易破碎。
熱的量杯要放到冰冷的桌面上時，請先墊好矽膠墊、廚房紙巾或布料等，此外，加入材料混合時，如果不鏽鋼長匙用力敲打量杯的杯壁，也很容易導致破碎。

Q：可以用過濾水或自來水來代替蒸餾水嗎？
雖然可以使用，但還是推薦蒸餾水。可從藥局購買蒸餾水製作，經過多次的精製過程，幾乎沒有雜質、狀態最純淨的水，加入保養品時，可以減低變質的可能性。如果使用自來水，鉀、鎂等成分可能會使保養品的添加物產生反應，而有變色或變質的顧慮。過濾水則是要考慮淨水機的狀態等，因此推薦蒸餾水較佳。

Q：添加物的種類非常多，加很多也無妨嗎？
製作保養品時，通常會加入 3～5 種添加物，如果加入更多時，基本上不會有製作上的問題，但如果導致青春痘或肌膚問題時，就很難檢查出是哪一種成分所引起。還有，如果加入太多材料，各種成分也可能會產生衝突的情況。

Q：可以直接將萃取液擦在臉上嗎？

不建議直接將萃取液擦在皮膚上。將萃取液加入保養品時，會加入整體分量的
1～5%，清潔用品則是最多加到10%。

Q：計量維他命E時，即使放了很多，電子秤的數字依然不變，是哪裡出錯了嗎？

慢慢加入維他命E、RMA、玻尿酸、甘油等有黏度的材料時，很常會出現電子秤
無法準確測量的情況。尤其是在其他材料計量完後，接著連續計量時，常會出現
錯誤。因此，有黏度的材料請先計量為佳。

Q：精油可以直接使用嗎？

原則上精油不能直接使用，一定要經過稀釋才能使用。只有薰衣草與茶樹精油例外，
可在局部擦拭，但還是安全使用為上。請務必要依建議分量稀釋後再使用。

Q：據說孕婦不可使用精油，原因為何呢？

精油含有各種會對荷爾蒙產生作用的成分。由於孕婦的荷爾蒙已經產生了變化，
一旦使用精油，就可能會發生問題，因此，盡可能不要使用為佳。

Q：材料加入的分量比配方標示的還多，該怎麼辦呢？

製作保養品時，很常會不小心加入太多分量。如果加了太多保濕劑，請先確定最
多的添加量，假使在最多添加量的範圍內，就不會有問題。此外，如果配方中還
有另一種保濕劑，依照多加的分量，將另一種材料等量減少即可。另一個做法是
依照增加的分量，將全部配方的分量也一起增加來製作。

Q：想要用其他材料來替代配方中的材料，該怎麼做？

請先確認想要取代的材料是哪個分類，保濕劑、乳化劑等相同類別中，就可以替
代。本書收錄的配方同時也會標示可取代的材料。

Q：想要製作乳液，但何謂「乳化」呢？

將水（水相層）與油（油相層）進行混合，製作有黏度的乳霜、乳液的過程就稱
為乳化（Emulsion）。先熟悉材料中的水相層、油相層等用語，接著重複閱讀幾
次製作的過程。準備好乳液材料與工具後，再慢慢地按照順序跟著做，馬上就能
熟悉了。

Q：第一次挑戰乳化的步驟，有什麼該注意的地方嗎？

最重要的就是要先準確計量乳化劑的分量，然後只要好好確認水相層與油相層的
2個量杯溫度，就一點也不困難。水相層與油相層量杯的溫度差異在3℃以上，
或是2個量杯的溫度都降得太低的話，就會完全分離無法完成乳化。

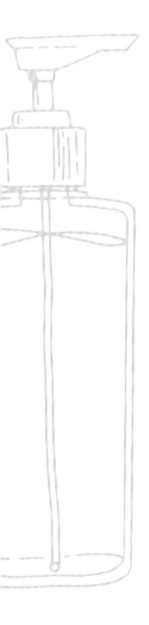

Q：想要製作乳液，有什麼祕訣能使乳化順利呢？

混合 2 個量杯的內容物時，請試著輪流使用刮勺和迷你手持攪拌機。將油相層量杯的內容物慢慢倒入水相層量杯時，另一隻手要拿著刮勺慢慢拌勻，再馬上將迷你手持攪拌機放入內容物中攪拌，在 5 秒內要暫停 3 次。如果不暫停，連續攪拌5 秒，產生過多氣泡，延展性就會變得不佳。

Q：乳化不完全、分離狀態的乳液和乳霜，該怎麼辦？

如果乳化不成功，並不是保養品的成分異常，請不用擔心。稍微不好塗抹的狀態，只是沒有成為乳液或乳霜的質地而已，也可當成較稀的精華液來使用。由於水相層與油相層是分離的狀態，每次使用前要先充分搖勻。

Q：乳化成功了，但質地還是稀稀的、黏度不夠，該怎麼辦？

請加入玻尿酸、甘油或海葡萄萃取物等添加物。由於材料本身有一定的黏度，加入再仔細攪拌就會變成綿密的質地。加入玻尿酸、甘油或海葡萄萃取物時，添加整體分量的 2 ～ 3％左右即可。

Q：乳化過程中要確認溫度，卻一直產生變化，是哪裡出現了問題呢？

將量杯放到加熱板上，再一邊加熱一邊持續攪拌內容物。因為要所有材料的溫度都一致時，再來測量才會準確。加熱中如果不攪拌，只是插入溫度計測量，有可能會測出更高的溫度。

Q：想要製作洗髮精，聚季銨鹽卻溶化不完全，該怎麼辦？

製作洗髮精前，先要將聚季銨鹽加入蒸餾水中，再靜置於室溫下一天，使其自然溶化。如果聚季銨鹽溶化不完全，粉末殘留在頭皮上，就會引發搔癢症狀。

Q：界面活性劑是什麼？

界面活性劑是指吸附在液體表面，使界面（互相連接的兩種物質的邊界面）的活性變大，以及性質明顯變化的物質。表面張力低，且洗淨力、分散力、乳化力、可溶力、殺菌力等都很出色的家庭用清潔劑都包含在內，用途相當廣泛。

人工界面活性劑之所以會產生問題，是因為和天然界面活性劑相比，有較嚴重的副作用，含有傷害人體的有害物質，其中最大的問題就是致癌成分與環境荷爾蒙成分。

天然界面活性劑是以天然的成分為主，再添加少量化學成分的製品。雖然洗淨力稍嫌不足，但能將對皮膚的刺激減到最低，容易被微生物分解，還能減少對環境的污染。

Q：可以用橄欖乳化蠟來替代 GMS 乳化劑嗎？

可以替代。只要使用橄欖乳化蠟就能讓乳化穩定完成，不過，單獨使用的話，白濁現象會比添加 GMS 乳化劑的情況來得明顯。

Q：玻尿酸和天然防腐劑 Napre 一起添加也無妨嗎？

製作化妝水時，如果同時使用玻尿酸與 Napre，就會使化妝水變得混濁，產生薄薄的細膜，也會出現凝結的現象，由於看起來像是雜質，加上倒入噴瓶後不易噴灑出來，建議不要將兩者混合。可用甘油或 Moist 24（白茅草萃取）來替代玻尿酸，如果不是化妝水，製作乳液或乳霜時就不會產生問題。

Q：想用石膏來製作芳香擺飾，使用哪種製品比較好呢？

不同石膏製品的吸收率也會不一樣，最常使用的就是天然石膏與 Gemma 石膏。天然石膏加的水量比 Gemma 石膏少，以 100 克的石膏為基準製作時，Gemma 石膏要用 50 克的蒸餾水，天然石膏則加入 40 克左右即可。

Q：製作蠟燭時，要加入多少百分比的精油？

不同的蠟，香氛的添加率也會稍有不同，但通常會添加 5 ～ 10％左右。最常加的比例為 7 ～ 8％。

認識自己的皮膚類型

油性皮膚	乾性皮膚	中性皮膚	混合性皮膚	敏感性皮膚
臉部整體泛油光，容易長青春痘和粉刺，以及毛孔粗大。洗臉後用手觸摸皮膚時，會覺得不光滑且粗糙，並因為出油的緣故很容易脫妝。 洗臉後不擦乳液也不覺得緊繃，就很有可能是油性皮膚；或是洗完臉後雖然有些緊繃，但幾分鐘內就會消失並開始出油，也算是油性皮膚。	因為乾燥的緣故，乾性皮膚的特色就是常覺得有緊繃感。由於整體的油分少，很容易產生皺紋，也較容易老化。 洗臉後臉部覺得嚴重緊繃，並產生許多角質的話，就很有可能是乾性皮膚；皮膚常覺得搔癢，或是洗臉後過了一段時間，依然不會出油，就可以視為乾性皮膚。	中性皮膚可以視為最幸運的膚質。介於油性與乾性中間的膚質，特色是油水分泌平衡。此外，不管使用什麼保養品都幾乎不會有問題。 平時不太會出油，也不覺得特別乾燥，就很有可能為中性皮膚，但幾乎沒有 100％的中性皮膚，大部分會有乾性或油性其中一種的特色較顯著。	膚質混合了乾性與油性的皮膚，和中性皮膚不同的是，油性與乾性的膚質會同時存在於不同部位，額頭、鼻子，也就是 T 字部位為油性，其他部位則是乾性膚質。 洗臉後在沒有擦保養品的狀態下，經過一段時間，只有 T 字部位會泛油光，就很有可能為混合性皮膚。	皮膚因為敏感，即使是很小的刺激也會很快發紅、出現狀況。不像油性皮膚會長青春痘或粉刺，小小的刺激很容易就會損傷皮膚。 由於各種膚質都可能會出現敏感性皮膚，選擇保養品時，請選擇無添加香料、化學性防腐劑的產品。

PART 2

打造亮澤美肌的專屬配方
FACIAL CARE

皮膚的狀態會因身體狀況或外在環境等各種條件，
每天產生不同的變化。
因此，選擇適合的成分並親自製作的天然保養品，
就有著能迅速應付皮膚變化的優點。
跟著本章使用各種材料、試做各種質地的天然保養品，
找到適合自己膚質的配方吧！

皮膚會因身體狀況或外部環境等
各種條件而產生變化。
選擇需要的成分並親自製作的天然保養品，
就有著能迅速地應付皮膚變化的優點。

冷壓葡萄籽潔顏油

保濕潔顏油

輕鬆用水即能洗淨的可洗式潔顏油

冷壓葡萄籽潔顏油

難易度 ●△△
膚質 油性
功效 清潔、保濕
保存 室溫
保存期限 2 ～ 3 個月

如同葡萄果肉一般,有著清澈、清新淡綠色的潔顏油。如果不喜歡一般潔顏油的厚重黏稠,請試用看看這款清爽柔和的葡萄籽潔顏油!特別對於油性肌膚的人來說,更是恰到好處的清爽,可以用水簡單地沖洗,既方便又舒爽,是任何人都會喜歡的保養品。

材料(100g)

冷壓葡萄籽油 30g
初榨橄欖油 15g
杏核油 37g
橄欖液 16g
維他命 E 2g
真正薰衣草精油 10 滴

工具

玻璃量杯
電子秤
攪拌刮勺
容器(120ml)

作法 | How to Make

① 將玻璃量杯放在電子秤上,依序倒入量好分量的冷壓葡萄籽油、初榨橄欖油、杏核油,再用刮勺攪拌均勻。

② 放入橄欖液、維他命 E,用刮勺攪拌均勻。

③ 滴入真正薰衣草精油,再以刮勺混合均勻。

④ 倒至事先消毒過的容器,輕輕用手掌包覆,再一邊滾動一邊小心混合。

⑤ 靜置一天待熟成後再使用。

用法 | How to Use

為了方便能搖一搖再使用,請選擇 120 ～ 150 毫升左右、容量較充裕的容器(可按壓的洗髮精、精華液容器)。先將雙手洗淨,接著按壓 2 ～ 3 次,將潔顏油擠出,均勻塗抹在臉上並輕輕按摩,就能將殘留的彩妝清除。以溫水洗淨後,再用洗面乳重新清洗一次。如果潔顏油不慎進入眼睛,請用清水輕輕沖洗。

冷壓葡萄籽油由於不經加熱,而是改用冷壓所榨取出的植物油,才會加上「冷壓」兩個字。如同名稱一般,由於未經加熱的過程,葡萄籽中所含有的維他命、抗氧化成分,就能完整溶解在其中。具有維持保濕與彈性的效果,雖然屬於油類,但油脂感非常少,油性皮膚也很適合。

清除老廢物質、保留水潤感

保濕潔顏油

難易度 ◕◌◌
膚質 乾性
功效 清潔、保濕
保存 室溫
保存期限 2 ～ 3 個月

這一款潔顏油適合乾性膚質，減少了橄欖液的含量，並提高了保濕度，洗後能保留水潤與柔和感。做法簡單又方便，用水就能洗淨的可洗式潔顏油，讓人更愛不釋手。

材料（100g）
甜杏仁油 30g
杏核油 30g
葵花籽油 16g
蓮花油 10g
橄欖液 12g
維他命 E 2g
檸檬精油 5 滴

工具
玻璃量杯
電子秤
攪拌刮勺
容器（120ml）

作法 │ How to Make

① 將玻璃量杯放在電子秤上，依序倒入量好分量的甜杏仁油、杏核油、葵花籽油、蓮花油，再用刮勺拌勻。

② 放入橄欖液、維他命 E，用刮勺攪拌均勻。

③ 滴入檸檬精油，再以刮勺混合均勻。

④ 倒至事先消毒過的容器，輕輕用手掌包覆，再一邊滾動一邊小心混合。

⑤ 靜置一天待熟成後再使用。

用法 │ How to Use

請裝入容量較充裕約 120 ～ 150 毫升左右的容器（可按壓的洗髮精、精華液的容器）。洗臉時，先搖一搖潔顏油的瓶子，使潔顏油充分混合後再使用即可。如果潔顏油不慎進入眼睛，請用清水輕輕沖洗。

此配方含有甜杏仁油，假使對堅果類過敏的人，請一定要先做「皮膚斑貼試驗」（Patch Test）。斑貼試驗為一種診斷接觸性皮膚炎的方法，將油品滴在手腕等皮膚內側，經過 48 小時後，再觀察皮膚出現的變化。假使對甜杏仁油出現不適反應，可以用葵花籽油來取代。

蓮花油的特色是帶有隱約的高貴香氣，含有山奈酚成分，能減少造成皮膚老化的有害活性氧，進行抗氧化作用，能保護皮膚細胞，使肌膚健康水潤。

活用液態皂基做成的超簡單洗顏劑

玫瑰潔顏露

難易度 ●△△
膚質 乾性
功效 清潔、保濕
保存 室溫
保存期限 2 ～ 3 個月

比潔顏油來得單純且溫和的潔顏露,利用液態皂基來製作,就能更輕鬆簡單地完成。雖然也可以直接將液態皂基當成洗顏劑來使用,但多加入了玻尿酸來提升保濕力,以及充滿女人味的玫瑰香氣,將各種萃取液加入液態皂基中,調配出適合自己膚質的潔顏露。

材料(100g)

橄欖液態皂基 120g

薔薇萃取液 14g

玫瑰花水 10g

玻尿酸 5g

橄欖液 1g

3%的玫瑰精油加荷荷巴油 10 滴

玫瑰香精油 3 ～ 6 滴

工具

玻璃量杯

電子秤

攪拌刮勺

起泡容器(150ml)

作法 | How to Make

① 將玻璃量杯放在電子秤上,依序倒入量好分量的 3%的玫瑰精油加荷荷巴油、玫瑰香精油、橄欖液,再用刮勺攪拌均勻。

② 依序放入橄欖液態皂基、薔薇萃取液、玫瑰花水、玻尿酸,並一邊用刮勺混合均勻。

③ 倒入事先消毒過的容器,靜置一天待熟成後再使用。

用法 | How to Use

先將雙手洗淨,倒出玫瑰潔顏露,均勻塗抹在臉上並輕輕搓揉,再用水洗淨即可。化淡妝時,只用玫瑰潔顏露就很足夠,但如果臉上有眼影、修容、腮紅等彩妝時,就要先使用潔顏油,再用玫瑰潔顏露來清潔。

3%的玫瑰精油加荷荷巴油是將精油稀釋於植物油中,把 97%的荷荷巴油加入 3%的玫瑰精油混合,再滴入 1 ～ 2 滴於乳液或乳霜中拌勻再使用,具有讓皮膚明亮的效果。

呵護敏感的眼周肌膚

眼部卸妝油

難易度 ◉△△
膚質 乾性
功效 去除老廢物質、保濕
保存 室溫
保存期限 2 ～ 3 個月

如果經常畫眼妝，就一定要使用眼唇卸妝用品。塗抹在敏感脆弱眼周的化妝品，如睫毛膏、眼影、眼線等種類越多時，就更需要細心保養。尤其是將整臉洗淨後，用眼部卸妝油，再次將眼周的殘留彩妝清洗乾淨，更是必要的步驟。

材料（30g）
荷荷巴油 10g
杏核油 10g
摩洛哥堅果油 6g
橄欖液 3g
維他命 E 1g
薰衣草精油 3 滴
乳香精油 3 滴

工具
玻璃量杯
電子秤
攪拌刮勺
容器（40ml）

作法 │ How to Make

① 將玻璃量杯放在電子秤上，依序倒入量好分量的荷荷巴油、杏核油、摩洛哥堅果油、橄欖液、維他命 E，再用刮勺攪拌均勻。

② 滴入薰衣草、乳香精油，並混合均勻。

③ 倒至事先消毒過的容器，靜置一天待熟成後再使用。

用法 │ How to Use

用潔顏露將全臉卸妝乾淨後，接著倒出眼部卸妝油，輕輕地按摩眼睛周圍，再將手指沾濕，輕柔地以畫圓的方式打圈後，將臉洗淨。注意不要拉扯到眼周的皮膚，或太用力搓揉。

杏核油有預防老化、美白的效果，保濕力也非常出色。成分單純溫和，嬰兒也適用。如果剩下太多杏核油，或保存期限將至，也可以用來沐浴，將 8 克的橄欖液加入 50 毫升的杏核油中，淋浴時塗抹於全身，再用水沖洗，這麼一來，洗完澡後肌膚依然能保持水潤。

油性皮膚的話，可以加入 3 滴柑橘精油來取代乳香精油。

玫瑰潔顏露

眼部卸妝油

溫和不刺激的潔顏品

綠茶潔顏乳霜

難易度 ●●○

膚質 油性

功效 清除老廢物質、保濕

保存 室溫

保存期限 2 ～ 3 個月

rHLB 7.00

看起來明亮清透的皮膚，是每個人都會感到羨慕的理想膚質。綠茶籽油含有豐富的維他命 C，能提亮膚色；兒茶素成分能調節皮脂分泌，並能鎮定肌膚問題，是一款不刺激且溫和的潔顏用品。試做看看能溫和地溶解老廢角質的霜狀潔顏乳霜吧。

材料（100g）

水相層 蒸餾水 45g

油相層 綠茶籽油 20g

杏核油 5g

冷壓葡萄籽油 15g

橄欖乳化蠟 4.3g

GMS 乳化劑 2.7g

添加物 甘油 4g

神經醯胺（水相）2g

天然防腐劑（Napre）1g

維他命 E 1g

精油 甜橙精油 10 滴

工具

玻璃量杯 2 個

電子秤

攪拌刮勺

加熱板

溫度計

迷你手持攪拌機

乳霜容器（100ml）

作法 │ How to Make

① 將玻璃量杯放在電子秤上，計量油相層（綠茶籽油、杏核油、冷壓葡萄籽油、橄欖乳化蠟、GMS 乳化劑）的材料。

② 用另一個量杯計量水相層（蒸餾水）的材料。

③ 將 2 個量杯放在加熱板上，加熱至 70 ～ 75℃。

④ 將油相層的量杯慢慢倒入水相層的量杯中，並持續用刮勺與迷你手持攪拌機輪流攪拌。一直攪拌使乳化不會散開。

⑤ 當溫度下降至 50 ～ 55℃，出現些許黏度感時，加入添加物（甘油、神經醯胺、天然防腐劑、維他命 E）、甜橙精油並拌勻。

⑥ 待溫度下降至 40 ～ 45℃ 時，倒入事先消毒過的容器中即完成。

用法 │ How to Use

記得小時候在奶奶的化妝台上，最大的罐子中裝的就是「冷霜」，雖然是油分很多的霜狀潔顏乳霜，但能溫和地溶解老廢物質，還是可以用水清洗的水洗式類型，用起來非常方便。均勻塗抹在化了妝的臉上，輕輕按摩過後，將手指沾濕，再仔細按摩一次，將潔顏霜乳化變白，維持約 1 ～ 2 分鐘左右，用水沖洗後再洗臉。

06. CLEANSER

充滿清新綠茶能量的膏狀潔顏用品

綠茶潔顏膏

難易度 ◐◐◌

膚質 乾性

功效 清潔、保濕

保存 室溫

保存期限 2～3 個月

如同奶油一般，有著濃稠質感的潔顏膏，塗在臉上按摩就會輕柔融化的感覺，真的非常獨特。綠茶粉的清新、清爽感，芒果脂能提供穩固的水分保護膜，特別適合乾性肌膚使用。無需用面紙擦拭的可洗式類型，是方便、清潔力佳的潔顏用品。

材料（50g）

油相層 橄欖油 15g

杏核油 10g

芒果脂 10g

蜂蠟 2g

橄欖乳化蠟 6g

維他命 E 1g

橄欖液 5g

添加物 綠茶粉 0.5g

精油 檸檬精油 9 滴

檸檬香茅精油 1 滴

工具

玻璃量杯

電子秤

攪拌刮勺

加熱板

溫度計

乳霜容器（50ml）

作法｜ How to Make

① 將玻璃量杯放在電子秤上，依序計量油相層（橄欖油、杏核油、芒果脂、蜂蠟、橄欖乳化蠟、維他命、橄欖液）的材料。

② 將玻璃量杯放在加熱板上，加熱至蠟完全融化為止。

③ 加熱完畢後，放入綠茶粉，為了不使其結塊，要用刮勺慢慢攪拌均勻。

④ 當溫度下降至 50 ～ 55℃ 時，滴入檸檬與檸檬香茅精油拌勻。

⑤ 倒入事先消毒過的容器，靜置一天待熟成後再使用。

用法｜ How to Use

潔顏膏做好後，雖然可以馬上使用，但靜置一天熟成後再用比較好。均勻塗抹在臉上按摩後，將手指沾濕，再仔細按摩一次，潔顏膏乳化變白，維持約 1～2 分鐘左右，用水沖洗後再洗臉。

黑炭粉能使肌膚潔淨健康

黑炭洗面乳

如果對看起來疲倦且鬆弛的肌膚感到在意，試著從清潔階段重新開始吧，尤其是想要清除堆積在深層的老廢物質，就要用黑炭洗面乳來清潔。吸附力好的黑炭粉能清除皮膚深層的老廢物質，還有豐富的礦物質，有助於皮膚循環代謝。想要潔淨且健康的肌膚，特別推薦這款黑炭洗面乳。

材料（100g）

杏核油 18g
酪梨油 10g
甜杏仁油 18g
椰油醯基蘋果胺基酸鈉 30g
黑炭粉 1g
絲蘭萃取液 4g
橄欖液 15g
魚子醬萃取液 3g
天然防腐劑（Napre） 1g
真正薰衣草精油 1 滴

工具

玻璃量杯
電子秤
迷你手持攪拌機
攪拌刮勺
容器（100ml）

作法 | How to Make

① 將玻璃量杯放在電子秤上，計量杏核油、酪梨油、甜杏仁油和椰油醯基蘋果胺基酸鈉。

② 計量好黑炭粉後，加入並拌勻。如果黑炭粉無法順利混合均勻，用刮勺多拌幾次，或是使用迷你手持攪拌機。

③ 放入絲蘭萃取液、橄欖液、魚子醬萃取液、天然防腐劑並攪拌均勻。

④ 滴入真正薰衣草精油拌勻。

⑤ 倒入事先消毒過的容器，靜置 1 ～ 2 天待熟成後再使用。

用法 | How to Use

雖然不像市售的洗面乳會有豐富的泡沫，但產生的泡泡較為綿密。特色是比潔顏油有更好的洗淨力，使用起來感覺單純溫和。

黑炭粉也是很常用來製作手工皂的原料，由於能吸附老廢物質並潔淨肌膚，喜歡滑溜感的人，一定要試做看看。但如果放入太多黑炭粉，可能會堵塞毛孔，加入的分量要準確才行。由於黑炭粉容易飛揚，計量時要特別小心。使用洗面乳時，也要注意不要濺到洗手台上留下黑點。

椰油醯基蘋果胺基酸鈉，和其他界面活性劑相比較不刺激，也適合作為孩童用的洗面乳。

→替代材料

絲蘭萃取液→椰油醯基蘋果胺基酸鈉

德國洋甘菊花水噴霧

天然保濕噴霧

能享受到豐富的水分與香氣

德國洋甘菊花水噴霧

難易度 ●◇◇
膚質 所有膚質
功效 保濕、改善膚色
保存 室溫
保存期限 1 ～ 2 個月

每到吹起寒風的冬季，或在啟動空調的室內中，皮膚就很容易感到乾燥。以德國洋甘菊花水製作出能補充肌膚水分與養分的噴霧，可緩解乾性肌膚的不適。做法簡單，無論何時何地都能方便噴灑的優點，更是特別推薦。

材料（110g）

德國洋甘菊花水 60g

蒸餾水 25g

番茄萃取液 15g

甘油 5g

酒精 5g

3%的玫瑰精油加荷荷巴油 10 滴

天竺葵精油 5 滴

工具

玻璃量杯 2 個

電子秤

攪拌刮勺

噴瓶（110ml ～ 150ml）

作法 | How to Make

① 將玻璃量杯放在電子秤上，依序倒入量好分量的德國洋甘菊花水、蒸餾水、番茄萃取液、甘油，然後用刮勺攪拌均勻。

② 另一個玻璃量杯中，分別計量酒精和精油（3%的玫瑰精油加荷荷巴油、天竺葵），再攪拌均勻。

③ 將①和②倒入事先消毒過的容器，並搖晃均勻。

用法 | How to Use

先將雙手洗淨，再從距離臉部 15 公分處噴灑，並用雙手輕拍幫助吸收。早上洗完臉後，進行基礎保養的程序前，或是在昏昏欲睡的午後等、當皮膚覺得乾燥時，都可以噴灑。

番茄萃取液是很優秀的保濕、抗氧化、改善膚色的材料。尤其是番茄中含有的茄紅素與維他命活性成分，具有讓肌膚有活力、明亮的功效。

酒精有收斂與防腐的功能，假使為敏感肌膚或使用噴霧時會覺得刺痛，建議可以 10 克的橄欖液來取代酒精。

→替代材料

洋甘菊花水→玫瑰花水

番茄萃取液→石榴萃取液

加入保濕效果卓越的蘆薈萃取液

天然保濕噴霧

難易度 ◐△△
膚質 乾性
功效 保濕、美白
保存 室溫
保存期限 1 ～ 2 個月

在各種植物中，保濕與美白功效最出色的植物，就是蘆薈了。天然保養品中會加入蘆薈膠、蘆薈萃取液等各種不同的形態。蘆薈萃取液不只有保濕的功效，還能預防皮膚受到紫外線的傷害。

材料（100g）

玫瑰花水 60g

蒸餾水 30g

蘆薈萃取液 5g

甘油 4g

天然防腐劑（Napre） 1g

玫瑰天竺葵精油 2 滴

真正薰衣草精油 3 滴

工具

玻璃量杯

電子秤

攪拌刮勺

噴瓶（110ml）

作法 | How to Make

① 將玻璃量杯放在電子秤上，依序倒入量好分量的玫瑰花水、蒸餾水、蘆薈萃取液、甘油、天然防腐劑，然後用刮勺攪拌均勻。

② 滴入玫瑰天竺葵、真正薰衣草精油並混合均勻。

③ 倒入事先消毒過的容器，靜置一天待熟成後再使用。

用法 | How to Use

先將雙手洗淨，再從距離臉部 15 公分處噴灑，並用手輕拍幫助吸收，再用化妝棉輕輕擦去多餘無法吸收的噴霧。如果是帶妝的情況，噴灑完後，則是用手輕輕按壓額頭和雙頰部位。

玫瑰花水為香氣最強烈的花水，假使對於香氣較敏感，可以減少玫瑰花水的分量，再加入等量的蒸餾水。

→替代材料

玫瑰花水→德國洋甘菊花水

蘆薈萃取液→玫瑰花水

10. MIST & TONER

豐富且清爽的抗氧化能量

輔酶 Q10 化妝水

難易度 ●△△
膚質 老化
功效 改善皺紋
保存 室溫
保存期限 1～2 個月

因為具有比維他命 E 更好的抗氧化功效而知名的輔酶 Q10，是很優秀
的預防老化原料，能去除會促使老化的活性氧，並恢復肌膚的活力與
彈性。每天早上用化妝棉沾濕橘色的化妝水，來調整皮膚肌理吧，感
覺就像是將輔酶 Q10 滿滿的能量傳遞到皮膚深處一般。

材料（100g）

蒸餾水 50g

蘆薈水 20g

薰衣草花水 10g

仙人掌萃取液 10g

輔酶 Q10（水溶性）5g

甘油 4g

天然防腐劑（Napre）1g

工具

玻璃量杯

電子秤

攪拌刮勺

噴瓶（110ml）

作法 │ How to Make

① 將玻璃量杯放在電子秤上，依序倒入量好分量的蒸餾水、蘆薈
水、薰衣草花水、仙人掌萃取液、輔酶 Q10、甘油、天然防腐劑，
然後用刮勺拌勻。

② 倒入事先消毒過的容器，靜置一天待熟成後再使用。

用法 │ How to Use

用化妝棉充分沾濕化妝水，接著從臉部中央往外側擦拭。

輔酶 Q10 可分成水溶性與脂溶性，水溶性主要和蒸餾水、花水等水相層材料混合，
製成化妝水和精華液；脂溶性的輔酶 Q10 會和油相層的材料，就是油類等混合，做
成乳液和乳霜，因此請將兩種分開來使用。

不加精油的理由，是因為已經加了蘆薈水、薰衣草花水、仙人掌萃取液、輔酶 Q10
等水狀且有優良機能的材料。

減緩肌膚乾燥與壓力

玫瑰花水化妝水

同時加入長久以來受到女性喜愛的玫瑰精油與玫瑰花水，做成奢華且充滿女人味的化妝水。玫瑰花水有優秀的鎮靜皮膚效果，能供給乾燥肌膚水分與養分，由於適合所有膚質，又有助於舒壓及轉換心情，很適合當成洗顏後擦拭的化妝水。

難易度 ●△△

膚質 乾性

功效 鎮靜皮膚、保濕

保存 室溫

保存期限 1 ～ 2 個月

材料（100g）

玫瑰花水 70g
金盞花萃取液 15g
甘油 4g
蘆薈膠 10g
橄欖液 1g
3%的玫瑰精油加荷荷巴油 10 滴

工具

玻璃量杯
電子秤
攪拌刮勺
噴瓶（110ml）

作法 │ How to Make

① 將玻璃量杯放在電子秤上，倒入量好分量的 3%的玫瑰精油加荷荷巴油，再加入橄欖液攪拌均勻。

② 加入玫瑰花水、金盞花萃取液、甘油、蘆薈膠，然後用攪拌刮勺拌勻。

③ 為了讓蘆薈膠充分散開，要用刮勺充分攪拌混合。如果蘆薈膠無法散開，可以使用迷你手持攪拌機攪打 1 ～ 2 次。

④ 倒入事先消毒過的容器，靜置一天待熟成後再使用。

用法 │ How to Use

玫瑰花水能有效鎮靜皮膚，活化疲倦的肌膚，特別有助於維持女性荷爾蒙與生殖系統平衡。當眼部感到疲勞或酸痛時，可以用化妝棉沾濕玫瑰花水，稍微敷在眼睛周圍，能消除疲勞，讓心情煥然一新。

金盞花萃取液能修復肌膚損傷，並緩和搔癢等皮膚的刺激。此外還含有維他命 E，具有防止老化的功效。

→替代材料

玫瑰花水→德國洋甘菊花水
甘油→玻尿酸

輔酶Ｑ10化妝水

玫瑰花水化妝水

讓肌膚明亮充滿活力的第一步

水性摩洛哥堅果油化妝水

難易度 ●△△
膚質 乾性、老化
功效 保濕、改善膚色
保存 室溫
保存期限 2 ～ 3 個月

加入易溶於水的摩洛哥堅果油，是一款容易吸收並能給予肌膚水潤感的化妝水。這款化妝水使用起來比一般化妝水要來得清爽，除了保濕，還能改善暗沉皮膚，使肌膚明亮有活力。

材料（100g）
玫瑰花水 88g
水性摩洛哥堅果油 7g
甘油 4g
天然防腐劑（Napre）1g
玫瑰草精油 5 滴
天竺葵精油 5 滴

工具
玻璃量杯
電子秤
攪拌刮勺
噴瓶（110ml）

作法 | How to Make

① 將玻璃量杯放在電子秤上，計量並倒入水性摩洛哥堅果油、玫瑰草、天竺葵精油，然後用刮勺拌勻。

② 加入計量好的玫瑰花水、甘油、天然防腐劑，然後用刮勺攪拌均勻。

③ 倒入事先消毒過的容器，靜置一天待熟成後再使用。

用法 | How to Use

水性摩洛哥堅果油直接當成精華液使用，也有同等的效果，是能改善肌膚的保養品。在 20 克的水性摩洛哥堅果油中，加入 2 滴的玫瑰草精油混合，就能當作修復皮膚的精華液來使用。

製作化妝水是所有保養品配方中最簡單的一種。在構成保養品最基本的油相層、水相層中，水相層就占了 99％以上，只要利用基本的水與保濕劑就能完成。即使不添加其他各式各樣或特別的材料，也能完成個人專屬的配方。

水類（花水）	90 ～ 99％
添加物（萃取液或保濕劑）	5 ～ 7％
天然防腐劑	0.5 ～ 2％
精油	100ml 為基準，5 ～ 10 滴

花水（純露）

用水蒸氣蒸餾法從各種香草中萃取出精油時，所生產出的香草萃取液就是花水，為水溶性又被稱為純露（Hydrosol）。花水的 pH 值為 2.9 ～ 6.5 左右的弱酸性，對皮膚的刺激較小且使用起來很溫和，被廣泛使用在天然化妝水、保濕用噴霧、鬍後水中。

每 1 公升的花水中，含有 0.02 ～ 0.05％左右的精油成分，本身就具有殺菌、消毒、保濕的效果。可以只使用一種花水，但混合 2 ～ 3 種花水來用會更有效果。只用花水就可以當成化妝水，也常加入少量的保濕劑來使用。

添加物

根據不同的膚質加入少量的各種萃取液，就能量身打造屬於自己的化妝水。添加量在 10％以內為佳，由於種類多樣，依自己的膚質來選擇即可。

精油

根據不同的膚質，可選擇各種不同功效的精油加入化妝水中。精油有調節皮脂分泌、舒緩發炎、修復皮膚、殺菌效果等，效果不只作用於皮膚上，芳療效果還能紓解心理上的壓力。

松葉膠原蛋白乳液

石榴乳液

13. LOTION

能同時鎮靜皮膚狀況與保持彈性

松葉膠原蛋白乳液

難易度 ◢◢◢
膚質 油性、問題肌膚
功效 保濕、鎮靜、修復
保存 室溫
保存期限 1 ～ 2 個月
rHLB 6.92

突如其來的皮膚狀況總是令人困擾，盡管有好好睡上一覺，但起床後
發現冒出小痘子的瞬間，還是會讓人感到心情低落。松葉含有單寧酸
與葉綠素，能預防皮膚疾病，尤其還有鎮靜肌膚的功效。

材料（100g）

水相層 蒸餾水 70g
　　　　 松葉萃取液 5g

油相層 荷荷巴油 5g
　　　　 乳油木果脂 4g
　　　　 杏核油 3g
　　　　 乳化蠟 2.3g
　　　　 GMS 乳化劑 1.7g

添加物 海洋膠原蛋白 4g
　　　　 海洋彈力蛋白 2g
　　　　 Moist 24（白茅草萃取） 2g
　　　　 天然防腐劑（Napre） 1g

精油 真正薰衣草精油 10 滴
　　　　 迷迭香精油 2 滴
　　　　 雪松精油 3 滴

工具

玻璃量杯 2 個
電子秤
加熱板
溫度計
攪拌刮勺
迷你手持攪拌機
容器（110ml）

作法 | How to Make

① 將玻璃量杯放在電子秤上，計量水相層（蒸餾水、松葉萃取液）的材料。

② 將另一個玻璃量杯放在電子秤上，依序計量油相層（荷荷巴油、乳油木果脂、杏核油、乳化蠟、GMS 乳化劑）的材料。

③ 將 2 個玻璃量杯放在加熱板上，加熱至 70 ～ 75℃，2 個量杯的溫度不能相差太多，溫度差在 3℃ 以內。

④ 將油相層的量杯慢慢倒入水相層的量杯中，並持續用刮勺與迷你手持攪拌機輪流攪拌。

⑤ 當溫度下降至 50 ～ 55℃，出現些許黏度時，依序加入添加物（海洋膠原蛋白、海洋彈力蛋白、Moist 24、天然防腐劑），並持續用刮勺攪拌均勻。

⑥ 滴入精油（真正薰衣草、迷迭香、雪松）拌勻，待溫度下降至 40 ～ 45℃ 時，倒入事先消毒過的容器中。

用法 | How to Use

油性皮膚常常會有粉刺、青春痘等問題，可放入松葉成分來緩和皮膚狀況；混合薰衣草、迷迭香、雪松精油，還能有效鎮靜皮膚的問題。

海洋膠原蛋白對皮膚不會造成刺激，保濕成分能深入真皮並給予肌膚彈性。同時使用海洋膠原蛋白和海洋彈力蛋白，能在皮膚上產生的加乘效果。

→替代材料

松葉萃取液→魚腥草萃取液

Moist 24（白茅草萃取）→玻尿酸

天然防腐劑（Napre）→ Multi-Naturotics

豐富的養分讓肌膚充滿活力

石榴乳液

難易度 ◆◆◆

膚質 乾性、老化

功效 保濕、修復、改善皺紋

保存 室溫

保存期限 1 ～ 2 個月

rHLB 8.27

看到結實累累、鮮紅欲滴的石榴果實，就會令人想到雌激素，石榴是以含有豐富的雌激素而廣為人知的水果。雌激素是能預防黑斑、瑕疵、老化的成分，加入石榴萃取液和石榴籽油，還有滿滿的養分。試著用這款石榴乳液來打造無瑕明亮又健康的肌膚吧。

材料（100g）

水相層 蒸餾水 70g
石榴萃取液 5g

油相層 月見草油 5g
乳油木果脂 3g
石榴籽油 2g
IPM 肉荳蔻酸異丙酯 3g
橄欖乳化蠟 3.4g
GMS 乳化劑 0.6g

添加物 玻尿酸 4g
維他命原 B5 2g
天然防腐劑（Napre）1g

精油 天竺葵精油 3 滴
花梨木精油 2 滴
3%的玫瑰精油加荷荷巴油 5 滴

工具

玻璃量杯 2 個
電子秤
加熱板
溫度計
攪拌刮勺
迷你手持攪拌機
容器（110ml）

作法 | How to Make

① 將玻璃量杯放在電子秤上，計量水相層（蒸餾水、石榴萃取液）的材料。

② 將另一個玻璃量杯放在電子秤上，依序計量油相層（月見草油、乳油木果脂、石榴籽油、IPM 肉荳蔻酸異丙酯、橄欖乳化蠟、GMS 乳化劑）的材料。

③ 將 2 個玻璃量杯放在加熱板上，加熱至 70 ～ 75℃。

④ 2 個量杯的溫度不能相差太多，要調節至 70 ～ 75℃，溫度差在 3℃ 以內。

⑤ 將油相層的量杯慢慢倒入水相層的量杯中，並持續用刮勺與迷你手持攪拌機輪流攪拌。

⑥ 當溫度下降至 50 ～ 55℃，出現些許黏度時，依序加入添加物（玻尿酸、維他命原 B5、天然防腐劑），並持續用刮勺拌勻。

⑦ 滴入精油（3%的玫瑰精油加荷荷巴油、天竺葵、花梨木），並混合均勻。

⑧ 待溫度下降至 40 ～ 45℃ 時，倒入事先消毒過的容器中。

石榴籽油是從籽中萃取出的油分，特色是含有豐富的脂溶性營養成分，除了預防皮膚老化、修復、改善彈性等之外，還有緩和乾性問題肌膚的功效。此外，亦含有有益皮膚的生育酚（維他命 E）、固醇及植物性鯊鯊烷。

混合三種精油（3%的玫瑰精油加荷荷巴油、天竺葵、花梨木），有助於肌膚維持彈性與再生。

乾冷冬季肌膚專用的強力保濕膜

冬季保濕乳液

難易度 ●●●
膚質 乾性
功效 保濕、鎮靜
保存 室溫
保存期限 2 ～ 3 個月
rHLB 7.33

每到季節交替時，肌膚就要承受許多變化，尤其是溫度劇烈變化，寒冷的戶外天氣與暖氣房，更讓肌膚感到疲累。加入保濕效果極好的乳油木果脂、有益乾燥肌膚的杏核油、豐富養分的酪梨油，為肌膚打造強力的保濕膜。

材料（100g）

水相層 蒸餾水 55g
　　　　 甘油 5g
　　　　 洋甘菊萃取液 10g

油相層 乳油木果脂 2g
　　　　 杏核油 10g
　　　　 酪梨油 7g
　　　　 IPM 肉荳蔻酸異丙酯 1g
　　　　 橄欖乳化蠟 4g
　　　　 GMS 乳化劑 2g

添加物 天然防腐劑（Napre） 1g
　　　　 聚季銨鹽 -51 2g

精油 真正薰衣草精油 12 滴
　　　　 3%的德國洋甘菊精油加荷荷巴油 8 滴

工具

玻璃量杯 2 個
電子秤
攪拌刮勺
加熱板
溫度計
玻璃棒
迷你手持攪拌機
容器（110ml）

作法 │ How to Make

① 將玻璃量杯放在電子秤上，計量水相層（蒸餾水、甘油、洋甘菊取液）的材料。

② 將另一個玻璃量杯放在電子秤上，依序計量油相層（乳油木果脂、杏核油、酪梨油、IPM 肉荳蔻酸異丙酯、橄欖乳化蠟、GMS 乳化劑）的材料。

③ 將 2 個玻璃量杯放在加熱板上，加熱至 70 ～ 75℃。

④ 2 個量杯的溫度不能相差太多，要調節至 70 ～ 75℃，溫度差在 3℃ 以內。

⑤ 將油相層的量杯慢慢倒入水相層的量杯中，並持續用玻璃棒與迷你手持攪拌機輪流攪拌。

⑥ 當溫度下降至 50 ～ 55℃，出現些許黏度時，依序加入添加物（天然防腐劑、聚季銨鹽 -51），並持續用刮勺拌勻。

⑦ 滴入精油（真正薰衣草、3%的德國洋甘菊精油加荷荷巴油），並混合均勻。

⑧ 待溫度下降至 40 ～ 45℃ 時，倒入事先消毒過的容器中。

酪梨油含有維他命 A、D、E，具有使肌膚組織柔軟及再生的效果。在 20 克的酪梨油中加入 10 滴的 3%德國洋甘菊精油加荷荷巴油並混合，就是能改善過敏症狀的身體保養油。

→替代材料

蒸餾水→洋甘菊花水
杏核油→荷荷巴油、橄欖油
天然防腐劑（Napre）→ Multi-Naturotics

乳油木果脂→蘆薈脂
酪梨油→小麥胚芽油、月見草油

抗老與保濕雙重效果

水潤抗老乳液

難易度 ◆◆◆
膚質 老化
功效 彈力
保存 冷藏
保存期限 2 ～ 3 個月
rHLB 6.88

肌膚到了冬天看起來會更加失去彈性且沒有活力，因此加入了廣泛用來作為抗老成分的 FGF，以及增加水潤感的蘆薈膠，加上有排毒效果的海葡萄萃取物，做成能同時解決各種肌膚問題的乳液。

材料（100g）

水相層 花水 58g

海葡萄萃取液 5g

油相層 甜杏仁油 5g

荷荷巴油 5g

沙棘油 3g

乳油木果脂 3g

乳化蠟 2g

GMS 乳化劑 2g

添加物 玻尿酸 3g

FGF（纖維母細胞生長因子）5g

腺苷 3g

蘆薈膠 5g

天然防腐劑（Napre）1g

精油 3%的玫瑰精油加荷荷巴油10 滴

廣藿香精油 2 滴

天竺葵精油 2 滴

工具

玻璃量杯 2 個

電子秤

攪拌刮勺

加熱板

溫度計

迷你手持攪拌機

容器（100ml）

作法 │ How to Make

① 將玻璃量杯放在電子秤上，計量水相層（花水、海葡萄萃取液）的材料。

② 將另一個玻璃量杯放在電子秤上，依序計量油相層（甜杏仁油、荷荷巴油、沙棘油、乳油木果脂、乳化蠟、GMS 乳化劑）的材料。

③ 將 2 個玻璃量杯放在加熱板上，加熱至 70 ～ 75℃。

④ 2 個量杯的溫度不能相差太多，要調節至 70 ～ 75℃，溫度差在 3℃ 以內。

⑤ 將油相層的量杯慢慢倒入水相層的量杯中，並持續用刮勺與迷你手持攪拌機輪流攪拌。

⑥ 當溫度下降至 50 ～ 55℃，出現些許黏度時，依序加入添加物（玻尿酸、FGF、腺苷、蘆薈膠、天然防腐劑），並持續用刮勺拌勻。

⑦ 滴入精油（3%的玫瑰精油加荷荷巴油、廣藿香、天竺葵），並混合均勻。

⑧ 待溫度下降至 40 ～ 45℃ 時，倒入事先消毒過的容器中。

花水有薰衣草花水、玫瑰花水、橙花花水等，選擇自己最喜歡的種類加入即可。

沙棘油有特殊香氣，對於味道敏感的人可用荷荷巴油取代。

FGF 能促進保濕蛋白質生成，維持水分最佳的平衡狀態，可加強皮膚彈性、使皮膚肌理有潤澤感，可以視為珍貴的成分。仔細看那些價格高貴並標榜能抗老的保養品，許多都含有 FGF 成分。

海葡萄是野生生長於深海的蕨藻科海藻，帶透明綠色的小顆粒看起來就像葡萄一樣，便以此命名。含有礦物質、維他命、食物纖維、褐藻酸等成分，能使肌膚柔嫩並維持彈性，甚至還有排毒的功效。如果是容易長青春痘的膚質，可以用蒸餾水來取代海葡萄萃取液。

能完美保濕肌膚的乳液

大麻籽乳液

難易度 ◆◆◆
膚質 乾性問題肌膚、老化
功效 保濕、改善膚色
保存 室溫
保存期限 1 ～ 2 個月
rHLB 7.31

應付季節變化最好的方法就是持續地保濕，加入有優秀保濕機能的大麻籽脂與大麻籽油，以及含豐富水分的蘆薈膠，製作成真正完美的保濕乳液。雖然是像乳液一樣不濃稠的劑型，但保濕力強，加入 1 ～ 2 滴基底油混合後使用，就能用來取代乳霜。

材料（100g）

水相層 蒸餾水 53g
油相層 大麻籽脂 5g
大麻籽油 3g
橄欖油酸乙基己酯 8g
橄欖乳化蠟 2.5g
GMS 乳化劑 1.5g
添加物 神經醯胺 1g
蘆薈膠 20g
維他命 E 1g
甘油 3g
玻尿酸 1g
天然防腐劑（Napre）1g
精油 3% 的玫瑰精油加荷荷巴油 10 滴

工具

玻璃量杯 2 個
電子秤
攪拌刮勺
加熱板
溫度計
迷你手持攪拌機
容器（100ml）

作法 | How to Make

① 將玻璃量杯放在電子秤上，計量水相層（蒸餾水）的材料。

② 將另一個玻璃量杯放在電子秤上，依序計量油相層（大麻籽脂、大麻籽油、橄欖油酸乙基己酯、橄欖乳化蠟、GMS 乳化劑）的材料。

③ 將 2 個玻璃量杯放在加熱板上，加熱至 70 ～ 75℃。

④ 2 個量杯的溫度不能相差太多，要調節至 70 ～ 75℃，溫度差在 3℃ 以內。

⑤ 將油相層的量杯慢慢倒入水相層的量杯中，並持續用刮勺與迷你手持攪拌機輪流攪拌。

⑥ 當溫度下降至 50 ～ 55℃，出現些許黏度時，依序加入添加物（神經醯胺、蘆薈膠、維他命 E、甘油、玻尿酸、天然防腐劑），並持續用刮勺拌勻。

⑦ 滴入精油（3% 的玫瑰精油加荷荷巴油），並混合均勻。

⑧ 待溫度下降至 40 ～ 45℃ 時，倒入事先消毒過的容器中。

大麻籽油是從大麻植物中萃取而成，含有 Omega-3、Omega-6，是有出色保濕力的保養油。亦含有大量維他命 E，具有抗氧化的功用，能打造明亮的好臉色。

→替代材料

蒸餾水→薰衣草花水
蘆薈膠 20g →卡波姆凝膠 20g
天然防腐劑（Napre）→漢方防腐劑（IndiGuard-N）

18. ESSENCE

打造明亮好臉色的夏季精華液

蘆薈美白精華液

難易度 ◐○○
膚質 乾性、暗沉肌膚
功效 美白、鎮靜
保存 室溫
保存期限 1 ～ 2 個月

混合多種材料做成的精華液，同時加入能改善皮膚肌理的蘆薈，以及最具代表性的美白成分熊果素微脂粒。四季都能使用，特別推薦用於紫外線強烈的夏季，能舒緩受到紫外線刺激的皮膚，並供給水分，打造明亮的好臉色。

材料（100g）
蘆薈水 45g
蘆薈膠 35g
綠茶萃取液 5g
玻尿酸 4g
熊果素微脂粒 10g
天然防腐劑（Napre） 1g
真正薰衣草精油 9 滴
依蘭依蘭精油

工具
玻璃量杯
電子秤
攪拌刮勺
容器（100ml）

作法 │ How to Make

① 將玻璃量杯放在電子秤上，加入蘆薈膠、精油（真正薰衣草、依蘭依蘭），用刮勺拌勻。

② 依序加入綠茶萃取液、玻尿酸、熊果素微脂粒、天然防腐劑，一邊攪拌均勻。

③ 充分混合後，加入蘆薈水用刮勺拌勻。要先混合精油與蘆薈膠，蘆薈水最後再加入，才不會產生分離的現象。

④ 倒入事先消毒過的容器，並搖晃均勻。

⑤ 靜置一天待熟成後再使用。

用法 │ How to Use

洗臉後接著用化妝水調整皮膚肌理，再擦上美白精華液。待精華液完全吸收後，根據皮膚狀態，擦上保濕乳液或乳霜即可。

熊果素是從越橘果葉、蔓越莓果葉、西洋梨果葉萃取出的天然成分。具有出色的改善膚色效果，特別能抑制麥拉寧色素的生成，為代表性的美白成分。

含有豐富的營養成分與水分

知母萃取美白精華液

難易度 ◐◐◇
膚質 老化、暗沉肌膚
功效 彈性、修復、美白
保存 室溫
保存期限 1～2 個月

精華液濃縮了各種營養成分，具有供給皮膚水分與潤澤感的作用，因此便貪心地加入這些有益肌膚的成分，像是保持皮膚彈性有出色功效的 Volufiline（知母萃取）、能供給水分的蘆薈膠等。像這樣加了許多有益肌膚成分的精華液，能讓你對自己皮膚更有自信。

材料（110g）

水相層 蒸餾水 48g

油相層 水性荷荷巴油 10g

添加物 菸鹼胺 3g

　　　　 Volufiline 知母萃取液 10g

　　　　 蘆薈膠 26g

　　　　 Moist 24（白茅草萃取）5g

　　　　 海藻醣萃取液 5g

　　　　 植物性胎盤素 2g

　　　　 天然防腐劑（Napre）1g

精油 天竺葵精油 5 滴

　　　　 真正薰衣草精油 5 滴

工具

玻璃量杯

電子秤

攪拌刮勺

加熱板

溫度計

精華液容器（110ml）

作法 ｜ How to Make

① 將玻璃量杯放在電子秤上，計量水相層（蒸餾水）的材料，再放到加熱板上，加熱至 60℃。要加熱至 60℃ 的原因，是因為用低溫殺菌，即能延長保存期限。

② 加熱至 60℃ 後，將量杯從加熱板上取下，加入添加物中的菸鹼胺，用刮勺仔細攪拌至粉末完全溶化為止。

③ 一一加入添加物（Volufiline 知母萃取液、蘆薈膠、Moist 24、海藻醣萃取液、植物性胎盤素、天然防腐劑），並持續進行攪拌。

④ 加入油相層（水性荷荷巴油）並拌勻後，滴入精油（天竺葵、真正薰衣草）混合均勻。

⑤ 倒入事先消毒過的容器，靜置一天待熟成後再使用。

植物性胎盤素是從黃豆與植物大豆中萃取出的植物性萃取液，和動物的胎盤有相同的功效，能促進肌膚新陳代謝，有助於老化肌膚持續進行細胞再生作用。此外，還能抑制麥拉寧色素形成，對於被陽光曬黑的色素沉澱也有改善效果，因此會用做美白保養品的原料。

→替代材料

Moist 24（白茅草萃取）→玻尿酸

蘆薈美白精華

知母萃取美白精華液

Pitera 精華液

明星級精華液

20. ESSENCE

自己親手做的名牌抗老精華液

Pitera 精華液

難易度 ◆◇◇
膚質 老化、暗沉肌膚
功效 保濕、彈性、改善膚色
保存 室溫
保存期限 2 ～ 3 個月

知名品牌所推出的「Pitera 精華液」，其主原料就是 PhytoG-Galac（覆膜酵母菌發酵產物濾液）。由於具有保濕、加強皮膚強性、改善皮膚肌理等多重優秀效能，非常推薦給有各種皮膚困擾的人。製作保養品剩下的原料，也可以直接擦在皮膚上，簡單混合就能完成優質的精華液，當成禮物送人也很不錯。

材料（110g）

水相層 蒸餾水 40g

油相層 水性荷荷巴油 10g

添加物 PhytoG-Galac（覆膜酵母菌發酵產物濾液）13g

蘆薈膠 33g

Moist 24（白茅草萃取）5g

海藻醣萃取液 5g

菸鹼胺 3g

天然防腐劑（Napre）1g

精油 天竺葵精油 5 滴

真正薰衣草精油 5 滴

工具

玻璃量杯

電子秤

攪拌刮勺

精華液容器（110ml）

作法 | How to Make

① 將玻璃量杯放在電子秤上，計量水相層（蒸餾水）的材料。

② 依序一一加入添加物（覆膜酵母菌發酵產物濾液、蘆薈膠、Moist 24、海藻醣萃取液、菸鹼胺、天然防腐劑），並持續進行攪拌。

③ 加入油相層（水性荷荷巴油）混合均勻。

④ 滴入精油（天竺葵、真正薰衣草）後拌勻，接著倒入事先消毒過的容器中。

用法 | How to Use

PhytoG-Galac（覆膜酵母菌發酵產物濾液）為一種釀造廠在釀酒時使用的酵母，能使肌膚透亮、調整皮膚肌理並加強彈性的原料，可以算是最好的抗老成分。保濕與含豐富養分的覆膜酵母菌發酵產物濾液，可以直接擦在皮膚上。洗臉後擦在臉上，再輕輕拍打促進吸收，就能感受到膚色慢慢得到改善。

→替代材料

水性荷荷巴油→水性摩洛哥堅果油

人氣品牌「小棕瓶」精華液所含的明星成分

明星級精華液

難易度 ●△△
膚質 所有膚質
功效 保濕、改善膚色
保存 室溫
保存期限 1 ～ 2 個月

BIFIDA（二裂酵母）發酵產物濾液即為知名保養品牌所推出的「小棕瓶」主原料，能打造健康膚質，供給水分與營養，使肌膚保持水潤彈性。由於清爽溫和易滲透，持續使用就能感受到肌膚的變化，請試做看看吧。

材料（100g）

水相層 蒸餾水 36q

油相層 水性荷荷巴油 10g

添加物 BIFIDA（二裂酵母）發酵產物濾液 15g

蘆薈膠 35g

玻尿酸 5g

海藻醣萃取液 5g

熊果素 3g

天然防腐劑（Napre）1g

精油 天竺葵精油 5 滴

真正薰衣草精油 5 滴

工具

玻璃量杯

電子秤

攪拌刮勺

溫度計

精華液容器（110ml）

作法 | How to Make

① 將玻璃量杯放在電子秤上，依序一一加入添加物（二裂酵母發酵產物濾液、蘆薈膠、玻尿酸、海藻醣萃取液、熊果素、天然防腐劑），並持續進行攪拌。

② 加入油相層（水性荷荷巴油）混合均勻。

③ 滴入精油（天竺葵、真正薰衣草）後拌勻。

④ 加入水相層（蒸餾水）後混合均勻。

⑤ 倒入事先消毒過的容器中。

BIFIDA（二裂酵母）發酵產物濾液能強化變弱的皮膚屏障功能，將暗沉膚色改善成明亮好臉色。如果對膚色不均感到困擾，或是使用了既有的產品後仍覺得稍嫌不足，請試用這款加了二裂酵母發酵產物濾液的精華液。晚上入睡前使用，就能感受到肌膚充滿水潤保濕感與營養，而且膚質變得充滿彈性。

能補充肌膚膠原蛋白的精華液

膠原蛋白精華液

難易度 ◆◆◆
膚質 乾性、老化
功效 修復、彈性
保存 室溫
保存期限 1 ～ 2 個月
rHLB 6.583

人體會隨著年紀漸長而減少膠原蛋白的生成，並開始出現老化的現象，皮膚也是如此。因此，供給膠原蛋白給開始老化的肌膚，就能有效使肌膚組織再生，再生的皮膚組織除了變得有彈性，膚色也會更明亮。請多補充膠原蛋白，在不知不覺中使肌膚的彈性獲得改善。

材料（100g）

水相層 蒸餾水 39g
滋陰丹萃取液 5g
聚季銨鹽 -51 3g

油相層 月見草油 4g
黃金荷荷巴油 5g
橄欖油酸乙基己酯 3g
橄欖乳化蠟 2.5g
GMS 乳化劑 1.5g

添加物 黃芩萃取液 3g
維他命 E 1g
金合歡膠原蛋白 3g
蘆薈膠 30g

精油 甜橙精油 5 滴
橙花精油 5 滴

工具

玻璃量杯 2 個
電子秤
攪拌刮勺
加熱板
溫度計
迷你手持攪拌機
精華液容器（110ml）

作法 │ How to Make

① 將玻璃量杯放在電子秤上，計量水相層（蒸餾水、滋陰丹萃取液、聚季銨鹽 -51）的材料。

② 將另一個玻璃量杯放在電子秤上，依序計量油相層（月見草油、黃金荷荷巴油、橄欖油酸乙基己酯、橄欖乳化蠟、GMS 乳化劑）的材料。

③ 將 2 個玻璃量杯放在加熱板上，加熱至 70 ～ 75℃。

④ 2 個量杯的溫度不能相差太多，要調節至 70 ～ 75℃，溫度差在 3℃ 以內。

⑤ 將油相層的量杯慢慢倒入水相層的量杯中，並持續用刮勺與迷你手持攪拌機輪流攪拌。

⑥ 當溫度下降至 50 ～ 55℃，出現些許黏度時，依序加入添加物（黃芩萃取液、維他命 E、金合歡膠原蛋白），並持續用刮勺拌勻。

⑦ 最後加入蘆薈膠、精油（甜橙、橙花），一邊拌勻。

⑧ 待溫度下降至 40 ～ 45℃ 時，倒入事先消毒過的容器中。

用法 │ How to Use

利用構成皮膚的膠原蛋白所製成的精華液，由於有充分的保濕力，即使省略擦乳液的步驟，只使用精華液就很足夠，再接著擦乳霜即可結束保養程序。

金合歡膠原蛋白和彈力蛋白一樣，皆為構成人體真皮細胞的蛋白質。由於能強化皮膚組織，是有助於肌膚彈性以及抗老的必需成分。

→替代材料

蒸餾水→玫瑰花水│滋陰丹萃取液→蒸餾水│聚季銨鹽 -51 →玻尿酸
黃金荷荷巴油→白荷荷巴油│橄欖油酸乙基己酯→摩洛哥堅果油
維他命 E →葡萄柚籽萃取液│蘆薈膠 30g →卡波姆凝膠 10g

保持肌膚彈性最佳的抗老對策

全方位保養精華液

難易度 ◆◆◆

膚質 乾性、老化

功效 彈性、修復

保存 室溫

保存期限 1 ～ 2 個月

rHLB 6.66

加入具有豐富營養成分與強大保濕力的天然油脂、海洋膠原蛋白、腺苷微脂粒的精華液。由於腺苷微脂粒能促進皮膚細胞再生，具有預防老化、增加彈性、改善皺紋等功效的成分。試做看看這款同時能達到保濕與細胞修復的抗老精華吧。

材料（100g）

水相層 蒸餾水 38g

油相層 月見草油 5g

黃金荷荷巴油 4g

摩洛哥堅果油 3g

橄欖乳化蠟 2.2g

GMS 乳化劑 1.8g

添加物 EGF（表皮生長因子）5g

腺苷微脂粒 1g

維他命 E 2g

海洋膠原蛋白 3g

玻尿酸 5g

蘆薈膠 30g

精油 乳香精油 2 滴

真正薰衣草精油 2 滴

工具

玻璃量杯 2 個

電子秤

攪拌刮勺

加熱板

溫度計

迷你手持攪拌機

精華液容器（110ml）

作法 | How to Make

① 將玻璃量杯放在電子秤上，計量水相層（蒸餾水）的材料。

② 將另一個玻璃量杯放在電子秤上，依序計量油相層（月見草油、黃金荷荷巴油、摩洛哥堅果油、橄欖乳化蠟、GMS 乳化劑）的材料。

③ 將 2 個玻璃量杯放在加熱板上，加熱至 70 ～ 75℃。

④ 2 個量杯的溫度不能相差太多，要調節至 70 ～ 75℃，溫度差在 3℃ 以內。

⑤ 將油相層的量杯慢慢倒入水相層的量杯中，並持續用刮勺與迷你手持攪拌機輪流攪拌。

⑥ 當溫度下降至 50 ～ 55℃，出現些許黏度時，依序加入添加物（EGF、腺苷微脂粒、維他命 E、海洋膠原蛋白、玻尿酸），並持續用攪拌刮勺拌勻。

⑦ 加入蘆薈膠與精油（乳香、真正薰衣草），一邊拌勻，再倒入事先消毒過的容器中。

摩洛哥堅果油的維他命含量，比橄欖油要多出 4 倍，具有出色的保濕力，能舒緩乾性肌膚的皮膚狀況或乾燥感，特別是能透過活化皮膚，達到改善肌膚鬆弛的效果。此外，還能用來做成護髮精華或按摩油等。

→替代材料

黃金荷荷巴油→白荷荷巴油

橄欖乳化蠟→乳化蠟

海洋膠原蛋白 3g →胡蘿蔔膠原蛋白

乳香精油→薰衣草精油

摩洛哥堅果油→橄欖油酸乙基己酯

維他命 E →葡萄籽萃取液

蘆薈膠 30g →卡波姆凝膠 10g

製作精華液配方時，特別重要的一點便是利用增稠劑，將水相層變成凝膠形態。在既有的化妝水配方中，加入機能性添加物與增稠劑，就能簡單完成凝膠形態的精華液配方。

水類（花水）	90 ～ 99%
添加物（萃取液或保濕劑）	5 ～ 7%
天然防腐劑	0.5 ～ 2%
精油	100ml 為基準，5 ～ 10 滴

水相層

製作精華液時，水相層占整體的 50 ～ 90％左右，當成基底的蒸餾水與花水類，都可以彼此互換。由於凝膠類精華液中大部分都是水相材料，只需要區分水相層與添加物再混合，但為了說明得更加仔細，會分別標示。

增稠劑

增稠劑是用來增加保養品黏度的材料，因此能做出各種劑型的保養品。加入增稠劑能使保養品更穩固地附著在肌膚上，有良好的使用感，並能防止乳化出現分離的現象。增稠劑中的蘆薈膠，是能產生黏度的材料，無需經過加熱過程，只要混合就能增加精華液的黏度。羥乙基纖維素、黃原膠等其他增稠劑，則是要在加入水相層後加熱，才會產生黏度。

材料名稱	添加量	特徵
黃原膠	0.1 ～ 2%	微生物發酵後所產生，可視為天然物質，能安全地使用於保養品中。為增稠劑中最接近天然材料的一種。
羥乙基纖維素	0.1 ～ 1%	添加於水相層中，再將溫度提高至 60℃，溶解於其中，接著一邊攪拌冷卻，就會凝膠化。
蘆薈膠	1 ～ 30%	添加時無須加熱，濃度會隨著添加量而增加。

機能性添加物

機能性添加物是具有美白、彈性、收斂、供給養分、保濕等各種功效的材料。製作精華液配方時，基本添加量為 10％左右較佳，也有的材料像精油一樣有刺激性，因此一定要遵守不同材料類別的添加量。一般來說，由於機能性添加物含有的成分在高溫下會被破壞，要在乳化過程結束後，溫度下降時再添加；而耐熱的添加物則可以和水相層一起計量再加熱。機能性添加物有各式各樣的種類，分別將不同功效的添加物一起加入，就會達到加乘效果。

蘆薈保水霜

馬油霜

24. CREAM

輕盈水感的四季萬用乳霜

蘆薈保水霜

難易度 ◐△△
膚質 乾性、油性
功效 保濕、鎮靜、美白
保存 室溫
保存期限 1 ～ 2 個月

皮膚最穩定的時候，就是水分與油分的分泌達到平衡的狀態時，尤其
又以肌膚要吸飽滿滿的水分才是重點。雖然使用起來覺得清透，但卻
是能讓深層肌膚都能吸飽水分的蘆薈保水霜，還加入 EFG 與 FGF，
同時兼顧水分與肌膚彈性，難怪可以稱為四季的萬用乳霜。

材料（100g）

蘆薈膠 79g

玻尿酸 3g

月見草油 3g

薔薇果油 1g

Moist 24（白茅草萃取）3g

菊花萃取液 3g

EFG（表皮生長因子）2g

FGF（纖維母細胞生長因子）2g

腺苷微脂粒 1g

輔酶 Q10（水溶性）2g

天然防腐劑（Napre）1g

橙花精油 2 滴

乳香精油 2 滴

工具

玻璃量杯

電子秤

攪拌刮勺

乳霜容器（100ml）

作法 | How to Make

① 將玻璃量杯放在電子秤上，加入量好分量的蘆薈膠、玻尿酸。

② 滴入月見草油、薔薇果油，再以刮勺拌勻。

③ 依序放入 Moist 24、菊花萃取液、EFG、FGF、腺苷微脂粒、輔酶
Q10、天然防腐劑，一邊用刮勺混合攪拌。

④ 依序滴入橙花、乳香精油，再用刮勺拌勻。

⑤ 倒入事先消毒過的容器，靜置一天待熟成後再使用。

用法 | How to Use

洗臉後用化妝水調整皮膚肌理，再擦上保水霜，並用指尖輕拍臉部促進吸收，再根
據肌膚狀態，擦上臉部保養油結束保養程序。

蘆薈含有抑制麥拉寧色素生成的成分，為美白效果卓越的原料。此外，蘆薈能使肌
膚趨於中性，如果是油性皮膚或乾性皮膚，只要持續使用就能使肌膚到達平衡。

清爽柔和、易吸收的特殊質地

馬油霜

馬油是從馬的脂肪組織中萃取出的成分，常用來作為保養品的原料，含有棕櫚油酸、神經醯胺等成分，特色是和人體的皮脂構造非常類似，容易被吸收。擁有厚實的保濕力，吸收力卻極佳，能輕盈地滲入肌膚，既是油狀又同時有清爽觸感，請來感受馬油霜的魅力吧。

難易度 ●●●
膚質 所有膚質
功效 保濕、修復
保存 室溫
保存期限 1 ～ 2 個月
rHLB 7.25

材料（100g）

水相層 薰衣草花水 68g

油相層 馬油 10g
摩洛哥堅果油 5g
荷荷巴油 5g
橄欖乳化蠟 4g
GMS 乳化劑 2g

添加物 甘油 3g
納豆膠 2g
天然防腐劑（Napre）1g

精油 玫瑰精油 2 滴
乳香精油 3 滴

工具

玻璃量杯 2 個
電子秤
攪拌刮勺
加熱板
溫度計
迷你手持攪拌機
乳霜容器（50ml）2 個

作法 | How to Make

① 將玻璃量杯放在電子秤上，一起計量水相層（薰衣草花水）以及添加物中的甘油，由於甘油加熱的速度較慢，因此要先加熱。

② 將另一個玻璃量杯放在電子秤上，計量油相層（馬油、摩洛哥堅果油、荷荷巴油、橄欖乳化蠟、GMS 乳化劑）的材料。

③ 將 2 個玻璃量杯放在加熱板上，將溫度控制設定在 2 的火力，約加熱至 80 ～ 85℃，要一邊用溫度計確認一邊加熱。

④ 將 2 個量杯的溫度調節至 80 ～ 85℃。

⑤ 將油相層的量杯慢慢倒入水相層的量杯中，並持續用攪拌刮勺與迷你手持攪拌機輪流攪拌。假使黏度高，手持攪拌機在乳化過程中不易轉動，再改用刮勺持續攪拌來進行乳化。

⑥ 當溫度下降至 50 ～ 55℃，出現些許黏度時，加入添加物（納豆膠、天然防腐劑）和精油（玫瑰、乳香）並拌勻。

⑦ 待溫度下降至 40 ～ 45℃ 時，倒入事先消毒過的容器中。

用法 | How to Use

分裝成兩個容器來保存，以延長保存期限。加入天然防腐劑的天然保養品，保存期限會比一般保養品短，如果每次只做少量，又會顯得麻煩，因此製作 100 克再分成兩個容器盛裝，其中一個先密封保存，就能確保新鮮。

馬油的熔點較高，因此做法與其他乳霜不同，要加熱至 80 ～ 85℃ 來進行乳化。但由於在 85℃ 時，仍無法完全熔解成透明狀，不用擔心是自己操作錯誤喔！

維他命之木的皮膚再生效果

沙棘乳霜

難易度 ◆◆◆
膚質 乾性、老化
功效 保濕、修復
保存 室溫
保存期限 1 ～ 2 個月
rHLB 6.24

講到冬季乳霜和護膚膏，最先想到的材料就是沙棘，不僅能看到顯著的保濕和肌膚再生效果，尤其維他命 C 的含量更是蘋果的 200 ～ 800 倍，因此有「維他命之木」的別稱。豐富維他命 C 的抗氧化作用，能防止肌膚老化，用沙棘油來試做看看質感柔滑的乳霜吧。

材料（100g）

水相層 蒸餾水 61g
甘油 3g
玻尿酸 5g
神經醯胺（水相用）2g

油相層 黃金荷荷巴油 12g
沙棘油 5g
乳油木果脂 3g
IPM 肉荳蔻酸異丙酯 1g
橄欖乳化蠟 3.2g
GMS 乳化劑 2.8g

添加物 天然防腐劑（Napre）1g
維他命 E 1g

精油 真正薰衣草精油 5 滴
甜橙精油 5 滴

工具

玻璃量杯 2 個
電子秤
攪拌刮勺
加熱板
溫度計
迷你手持攪拌機
乳霜容器（50ml）2 個

作法 │ How to Make

① 將玻璃量杯放在電子秤上，計量水相層（蒸餾水、甘油、玻尿酸、神經醯胺）的材料。

② 將量杯放在加熱板上，加熱至 70 ～ 75℃。

③ 將另一個玻璃量杯放在電子秤上，依序計量油相層（黃金荷荷巴油、沙棘油、乳油木果脂、IPM 肉荳蔻酸異丙酯、橄欖乳化蠟、GMS 乳化劑）的材料。

④ 將量杯放在加熱板上加熱，溫度控制設定在 2 的火力，約加熱至 70 ～ 75℃，中途要不時攪拌使蠟更快融化。

⑤ 將 2 個量杯的溫度調節至 70 ～ 75℃。

⑥ 從加熱板上取下 2 個量杯，將油相層的量杯慢慢倒入水相層的量杯中。

⑦ 用迷你手持攪拌機進行混合，如果只用刮勺，會使乳化散開且黏度變稀，因此要用迷你手持攪拌機輪流攪拌。

⑦ 當溫度下降至 50 ～ 55℃，出現黏度時，再依序加入添加物（天然防腐劑、維他命 E），並同時用攪拌刮勺持續攪拌。

⑨ 加入精油（真正薰衣草、甜橙）並混合。待溫度下降至 40 ～ 45℃ 時，倒入事先消毒過的容器中。

沙棘油的維他命含量高，是對於皮膚修復與抗氧化都有出色效果的植物油。如果因為皮膚老化而倍感壓力時，請試著混合沙棘油、荷荷巴油、薔薇果油，做成再生保養油吧。先定好全部的分量後，再加入 50 ～ 60%的荷荷巴油、30 ～ 40%的薔薇果油以及 10%的沙棘油即可。混合均勻後塗抹於全臉，再輕輕地按摩。

→替代材料

蒸餾水→薰衣草花水 │ 沙棘油→橄欖油酸乙基己酯
乳油木果脂→橄欖脂 │ IPM 肉荳蔻酸異丙酯→橄欖油酸乙基己酯

含有維他命的養分與豐富的保濕感

乾性肌專用乳霜

難易度 ◆◆◆
膚質 嚴重乾性
功效 保濕、彈性
保存 室溫
保存期限 1 ～ 2 個月
rHLB 7.29

猴麵包樹油含有豐富的維他命 A、D、E、F，是能有效改善乾性膚質的植物油。由於一起加入了猴麵包樹油與乳油木果脂，油潤感比起任何乳霜要來得強烈，洗完臉後，如果有嚴重的緊繃感，或是因膚質乾燥而苦惱的嚴重乾性皮膚，特別推薦使用。各種營養成分與深層的保濕感，能給予肌膚溫柔的呵護。

材料（100g）

水相層 德國洋甘菊花水 66g
油相層 猴麵包樹油 6g
　　　　　乳油木果脂 5g
　　　　　葵花籽油 6g
　　　　　橄欖乳化蠟 4g
　　　　　GMS 乳化劑 2g
添加物 天然防腐劑（Napre）1g
　　　　　蘆薈膠 4g
　　　　　玻尿酸 2g
　　　　　聚季銨鹽 -51 2g
　　　　　Moist 24（白茅草萃取）2g
精油 3％的玫瑰精油加荷荷巴油 5 滴

工具

玻璃量杯 2 個
電子秤
攪拌刮勺
加熱板
溫度計
迷你手持攪拌機
乳霜容器（50ml）2 個

作法 │ How to Make

① 將玻璃量杯放在電子秤上，計量水相層（德國洋甘菊花水）的材料。

② 將另一個玻璃量杯放在電子秤上，依序計量油相層（猴麵包樹油、乳油木果脂、葵花籽油、橄欖乳化蠟、GMS 乳化劑）的材料。

③ 將 2 個玻璃量杯放在加熱板上，加熱至 70 ～ 75℃，要一邊用溫度計確認一邊加熱。由於水相層溫度上升比油相層來得慢，要先進行加熱；油相層的量杯中途要不時攪拌使蠟更快融化。

④ 將 2 個量杯的溫度調節至 70 ～ 75℃。

⑤ 將油相層的量杯慢慢倒入水相層的量杯中，並持續用攪拌刮勺與迷你手持攪拌機輪流攪拌。用手持攪拌機拌第 1 ～ 2 次時，要每隔 3 ～ 5 秒暫停一下，再用刮勺持續攪拌至出現黏度為止。

⑥ 當溫度下降至 50 ～ 55℃ 左右，依序加入添加物（天然防腐劑、蘆薈膠、玻尿酸、聚季銨鹽 -51、Moist 24），一邊同時拌勻。

⑦ 用刮勺仔細拌勻，並去除氣泡。

⑧ 待溫度下降至 40 ～ 45℃ 時，加入精油混合均勻，再倒入事先消毒過的容器中。

猴麵包樹的生長力強，至今仍有樹齡超過六千年的樹木留存下來。而包覆猴麵包樹果實種籽的纖維質中，含有的維他命 C 比柳橙多出 3 倍，鈣含量也比牛奶還高。從猴麵包樹果實中萃取出的植物油，能迅速被皮膚吸收，含有許多有益肌膚成分，特別適合乾性膚質，因此在天然保養品中，很常用來做來按摩油、乳液、乳霜、手工皂等。

→替代材料

德國洋甘菊花水→蒸餾水 │ 猴麵包樹油→橄欖油
乳油木果脂→橄欖脂 │ 葵花籽油→摩洛哥堅果油或荷荷巴油
橄欖乳化蠟→乳化蠟 │ 聚季銨鹽 -51 → Moist 24 白茅草萃取

乾性肌專用乳霜

沙棘乳霜

Je Taime

修護眼霜

抗皺眼霜

28. CREAM

眼周肌膚專用的日夜兩用眼霜

修護眼霜

難易度 ◆◆◆

膚質 乾性、老化

功效 保濕、修復、改善皺紋

保存 室溫

保存期限 1 ～ 2 個月

rHLB 6.88

一旦疲倦或感受到壓力時，似乎都會先從眼睛開始顯現出來，每當從鏡子中看到黑眼圈或特別覺得乾燥，甚至是細紋，都不自覺會嘆口氣。由於眼周皮膚幾乎沒有皮脂腺，很容易變得乾燥，使肌膚的屏障能力變差，因此加入了能有效對抗眼周細紋的 FGF，以及腺苷微脂粒來做成眼霜。為了改善敏感且乾燥的眼周肌膚，請早晚塗抹於眼周進行保養。

材料（30g）

水相層 玫瑰花水 11g

積雪草萃取液 2g

油相層 薔薇果油 3g

白荷荷巴油 3g

鴯鶓油 2g

乳化蠟 1g

GMS 乳化劑 1g

添加物 FGF（纖維母細胞生長因子）3g

腺苷微脂粒 2g

維他命 E 1g

天然防腐劑（Napre）1g

精油 3%的玫瑰精油加荷荷巴油 2 滴

橙花精油 1 滴

工具

玻璃量杯 2 個

電子秤

攪拌刮勺

加熱板

溫度計

迷你手持攪拌機

乳霜容器（30ml）

作法 | How to Make

① 將玻璃量杯放在電子秤上，依序計量水相層（玫瑰花水、積雪草萃取液）的材料。

② 將另一個玻璃量杯放在電子秤上，計量油相層（薔薇果油、白荷荷巴油、鴯鶓油、乳化蠟、GMS 乳化劑）的材料。

③ 將 2 個玻璃量杯放在加熱板上，溫度控制設定在 2 的火力（小火），約加熱至 70 ～ 75℃。由於水相層溫度上升比油相層來得慢，要先進行加熱；油相層的量杯要不時攪拌使蠟更快融化。

④ 將 2 個量杯的溫度調節至 70 ～ 75℃。

⑤ 將油相層的量杯慢慢倒入水相層的量杯中，此時為了避免乳化散開，要用刮勺與迷你手持攪拌機輪流攪拌。

⑥ 當溫度下降至 50 ～ 55℃ 左右，依序加入添加物（FGF、腺苷微脂粒、維他命 E、天然防腐劑），以及精油（3%的玫瑰精油加荷荷巴油、橙花），一邊同時繼續拌勻。

⑦ 待溫度下降至 40 ～ 45℃ 時，倒入事先消毒過的乳霜容器中。

FGF 又稱為纖維母細胞生長因子，為促進細胞生長的生長因子，具有出色的保護神經細胞、修復皮膚傷口的功效。

腺苷微脂粒有促進細胞再生並預防損傷的功能，因此想要有預防肌膚老化、增加彈性、改善皺紋等機能性效果時，便可以選用。

積雪草萃取液是能調節與促進膠原蛋白合成的成分，可添加來改善肌膚彈性。透過抗氧化作用來預防老化、改善皺紋等，並以此而廣為人知。

3%的玫瑰精油加荷荷巴油與橙花複方精油有助於改善肌膚彈性與再生。

活性細胞來增加肌膚彈性

抗皺眼霜

難易度 ●●●

膚質 乾性、老化

功效 彈性、修復、改善皺紋

保存 室溫

保存期限 1 ～ 2 個月

rHLB 7.00

改善皺紋的知名成分——Retinol（維他命 A 醇），為一種能活化皮膚中的細胞，並促進膠原蛋白與彈力蛋白再生，增加彈性的成分。加入 Retinol 和有益肌膚的營養成分濃縮成的魚子醬萃取液，就是充滿潤澤感又保濕的眼霜。覺得眼周看起來疲倦時，請用這款眼霜來恢復肌膚彈性吧。

材料（30g）

水相層 玫瑰花水 12g

　　　　魚子醬萃取液 2g

油相層 摩洛哥堅果油 4g

　　　　薔薇果油 2g

　　　　石榴籽油 1g

　　　　橄欖乳化蠟 1.2g

　　　　GMS 乳化劑 0.8g

添加物 Retinol（維他命 A 醇）2g

　　　　維他命原 B5 1g

　　　　玻尿酸 2g

　　　　維他命 E 1g

　　　　天然防腐劑（Napre）1g

精油 3%的玫瑰精油加荷荷巴油

　　　 2 滴

　　　 橙花精油 1 滴

工具

玻璃量杯 2 個

電子秤

攪拌刮勺

加熱板

溫度計

迷你手持攪拌機

乳霜容器（30ml）

作法 | How to Make

① 將玻璃量杯放在電子秤上，依序計量水相層（玫瑰花水、魚子醬萃取液）的材料。

② 將另一個玻璃量杯放在電子秤上，計量油相層（摩洛哥堅果油、薔薇果油、石榴籽油、橄欖乳化蠟、GMS 乳化劑）的材料。

③ 將 2 個玻璃量杯放在加熱板上，溫度控制設定在 2 的火力，約加熱至 70 ～ 75℃，要一邊用溫度計確認一邊加熱。由於水相層溫度上升比油相層來得慢，要先進行加熱；油相層的量杯中途要不時攪拌使蠟更快融化。

④ 將 2 個量杯的溫度調節至 70 ～ 75℃。

⑤ 將油相層的量杯慢慢倒入水相層的量杯中，此時為了避免乳化散開，要用刮勺與迷你手持攪拌機輪流攪拌。

⑥ 當溫度下降至 50 ～ 55℃左右，依序加入添加物（Retinol、維他命原 B5、玻尿酸、維他命 E、天然防腐劑），以及精油（3%的玫瑰精油加荷荷巴油、橙花），一邊同時繼續拌勻。

⑦ 直到出現一定的黏度時，一邊用攪拌刮勺仔細攪拌同時去除氣泡。

⑧ 待溫度下降至 40 ～ 45℃時，倒入事先消毒過的乳霜容器中。

Retinol 為維他命 A 醇的化學名稱，常用來作為改善皺紋的成分。由於 Retinol 為弱酸性，如果與維他命 C 同時使用，會讓肌膚變乾燥並產生角質。

魚子醬中有蛋白質、礦物質、維他命等成分的萃取，具有出色的預防老化功效，由於與人類的細胞構造類似，能被迅速吸收是其優點。

30. CREAM

調節肌膚的水分與油分平衡

甜杏仁乳霜

難易度 ◆◆◆
膚質 敏感性皮膚
功效 保濕、鎮靜
保存 室溫
保存期限 2 ～ 3 個月
rHLB 7.13

活用天然保養品中最常使用的甜杏仁油所做成的乳霜，甜杏仁油中含有礦物質、蛋白質與維他命 A，能在肌膚上形成保濕膜，補充不足的養分，再同時加入無刺激性的乳油木果脂，就是適合全家使用的溫和乳霜。

材料（100g）

水相層 蒸餾水 50g
蘆薈水 14g

油相層 乳油木果脂 3g
山茶花油 5g
甜杏仁油 15g
乳化蠟 3.8g
GMS 乳化劑 3.2g

添加物 玻尿酸 3g
天然防腐劑（Napre）1g
神經醯胺 2g

精油 真正薰衣草精油 10 滴

工具

玻璃量杯 2 個
電子秤
攪拌刮勺
加熱板
溫度計
迷你手持攪拌機
乳霜容器（50ml）2 個

作法 | How to Make

① 將玻璃量杯放在電子秤上，依序計量水相層（蒸餾水、蘆薈水）的材料。

② 將另一個玻璃量杯放在電子秤上，計量油相層（乳油木果脂、山茶花油、甜杏仁油、乳化蠟、GMS 乳化劑）的材料。

③ 將 2 個玻璃量杯放在加熱板上，約加熱至 70 ～ 75℃，要一邊用溫度計確認一邊加熱。由於水相層溫度上升比油相層來得慢，要先進行加熱；油相層的量杯中途要不時攪拌使蠟更快融化。

④ 將 2 個量杯的溫度調節至 70 ～ 75℃。

⑤ 將油相層的量杯慢慢倒入水相層的量杯中，並用刮勺與迷你手持攪拌機輪流攪拌。

⑥ 當溫度下降至 50 ～ 55℃ 左右，依序加入添加物（玻尿酸、天然防腐劑、神經醯胺），一邊同時繼續拌勻。

⑦ 滴入真正薰衣草精油，直到出現一定的黏度時，用刮勺仔細攪拌同時去除氣泡。。

⑧ 待溫度下降至 40 ～ 45℃ 時，倒入事先消毒過的乳霜容器中。

用法 | How to Use

由於甜杏仁乳霜全家都能使用，可以一次做較多的分量。如果只有一人使用，可將所有的材料減半來製作即可。假使剩下很多甜杏仁油，或是保存期限快到時，可直接當成身體油使用，在 20 克的甜杏仁油中加入 3 滴的薰衣草精油混合，沐浴後擦拭全身即可。也很適合過敏性皮膚或乾燥脫皮的肌膚使用。

讓肌膚得到放鬆與修護

保濕晚霜

難易度 ◐◐◐
膚質 老化
功效 保濕、修復、改善膚色
保存 室溫
保存期限 1 ～ 2 個月
rHLB 6.813

結束完一天的工作後，要舒舒服服地休息時，也會想要好好呵護自己的肌膚。加入能撫平皺紋、均勻膚色的薔薇果油做成的保濕晚霜，在睡眠時也能幫助肌膚放鬆休息，玫瑰花水、薔薇萃取液再加上 2 種精油，含有滿滿能修復肌膚的優質養分。

材料（50g）

水相層 玫瑰花水 24g

油相層 薔薇果油 10g
　　　　荷荷巴油 3g
　　　　杏核油 3g
　　　　橄欖乳化蠟 2g
　　　　GMS 乳化劑 1.5g

添加物 EGF（表皮生長因子）2g
　　　　玻尿酸 2g
　　　　薔薇萃取液 2g
　　　　天然防腐劑（Napre）1g

精油 3%的玫瑰精油加荷荷巴油 5 滴
　　　　花梨木精油 3 滴

工具

玻璃量杯 2 個
電子秤
攪拌刮勺
加熱板
溫度計
迷你手持攪拌機
乳霜容器（50ml）

作法 | How to Make

① 將玻璃量杯放在電子秤上，計量水相層（玫瑰花水）的材料。

② 將另一個玻璃量杯放在電子秤上，計量油相層（薔薇果油、荷荷巴油、杏核油、橄欖乳化蠟、GMS 乳化劑）的材料。

③ 將 2 個玻璃量杯放在加熱板上，約加熱至 70 ～ 75℃，要一邊用溫度計確認一邊加熱。由於水相層溫度上升比油相層來得慢，要先進行加熱；油相層的量杯中途要不時攪拌使蠟更快融化。

④ 將 2 個量杯的溫度調節至 70 ～ 75℃。

⑤ 將油相層的量杯慢慢倒入水相層的量杯中，同時用刮勺攪拌後，再使用迷你手持攪拌機，每隔 3 ～ 5 秒暫停一下，約攪拌 3 次。

⑥ 用迷你手持攪拌機攪拌後，待溫度下降至 50 ～ 55℃ 左右，依序加入添加物（EGF、玻尿酸、薔薇萃取液、天然防腐劑）並拌勻。

⑦ 加入精油（3%的玫瑰精油加荷荷巴油、花梨木），直到出現一定的黏度時，用刮勺仔細攪拌同時去除氣泡。

⑧ 待溫度下降至 40 ～ 45℃ 時，倒入事先消毒過的乳霜容器中。

用法 | How to Use

混合了能有效改善皺紋的薔薇果油，以及有良好保濕力的杏核油，所製成的晚霜。在入睡之前均勻擦於全臉，隔天就能恢復柔軟潤澤的皮膚肌理。先用化妝水調整肌理後，省略接下來的乳液、精華液的程序，直接塗抹即可。

薔薇果油是常用來製作營養霜、眼霜、抗老霜等抗老保養品的材料。持續將薔薇果油塗抹於皺紋較多的部位，或是輕拍於眼周使其吸收，就能感受到它的效果。還能使不均勻的膚色變得一致，有改善膚色的功效。要注意避免讓油分進入眼中。

製作乳液或乳霜配方，雖然有基本的指南，但也沒有所謂的標準公式。因此建議先試著寫下想要的配方，再做出專屬自己的配方。乳液或乳霜的製作方法或配方幾乎都很類似，只要將原料的比例和添加物的百分比分別做出區隔。其中由於原料的比例對於配方的完成度有很大的影響，熟知基本的指南就顯得非常重要。以下的比例雖然不一定是標準答案，但優點是只要遵守基本的比例，就能做出更穩定的配方。

基本材料的比例	
乳液	油相層：水相層：乳化劑：添加物＝ 10：75（77）：5（3）：10 以下
乳霜	油相層：水相層：乳化劑：添加物＝ 30：63（60）：7（10）：10 以下

油相層

油相層為乳液或乳霜的基底，是由植物油所構成，根據油相層的比例多寡，就可分為乳霜和乳液。製作乳液時，油相層的比例為 10％左右，重要的是要依據膚質來選擇。

乾性膚質｜月亮草油、山茶花油、橄欖油、小麥胚芽油、金盞花油、荷荷巴油、各種脂類等。

油性膚質｜榛果油、葵花籽油、荷荷巴油、綠茶籽油、核桃油、印度苦楝油等。
參考植物油的功效後，再選擇 2 ～ 3 種想要的油品。

材料名稱	乳液	乳霜
月亮草油	5g	10g
橄欖油	5g	5g
乳油木果脂	2g	5g

乳化劑

乳化劑的添加量會隨著植物油的比例而改變,因此,乳液和乳霜的乳化劑添加量就會有所差異。乳液配方中加入 10% 左右的油,一般來說乳化劑的添加量就約為 3～4%。乳液或乳霜最常用的乳化劑為乳化蠟或橄欖乳化蠟,是延展性和滲透性都很不錯的蠟。可以當成輔助乳化劑的鯨蠟醇,則是可以提高乳化的穩定性與黏度,較建議使用在乳霜中。

材料名稱	乳液	乳霜
橄欖乳化蠟	3～4g	5～7g
鯨蠟醇	1g	1g

水相層

水相層一般會使用蒸餾水,但高機能性的乳液配方,也會加入花水或香草浸泡液。水相層的比例,以乳液來說,70% 左右最為穩定,但不用一定要加到 70%,先決定油相層、乳化劑和添加物的分量後,其餘的量再由水相層來填補即可。水相層還可以添加容易混合的甘油等保濕劑,再進行加熱,也是不錯的方法。

材料名稱	乳液	乳霜
蒸餾水	100g	100g
花水	30g	30g
甘油	2g	2g

添加物

添加物比例為 10% 以下,卻是最重要的成分。添加物有許多種類,並會根據所選的類別,影響保養品的效能、效果,最好的方法是先決定一種主要的功效,再加入適合的添加物。

至於精油的比例,如果是使用在臉上時為 0.5～1%,身體則為 1～3% 左右較為適當,並要因個人膚質的敏感程度來調整。

防腐劑為天然保養品中一定要添加的必須添加物之一。由於保存期限比起一般保養品要來得短,建議一定要加天然防腐劑 Multi-Naturotics、Napre 等,添加量為 1% 左右最為適當,並且一定要遵守不同類別材料的添加量。

一般來說,由於機能性添加物含有在高溫下會被破壞的成分,要在乳化過程結束後,溫度下降時再添加;而耐熱的添加物則可以和水相層一起計量再加熱。機能性添加物有各式各樣的種類,分別將不同功效的添加物一起加入,就會達到加乘效果。

發酵亮顏安瓶

玻尿酸安瓶

能解決肌膚困擾的發酵成分

發酵亮顏安瓶

安瓶為含有高濃縮營養成分的機能性保養品，是解決肌膚困擾的強力對策。發酵過程中所產生的微生物能有效被肌膚吸收，還能提高營養成分的功效。只要混合材料就能簡單完成。保濕、修復、改善膚色等，將所有肌膚想要的效果，都包含在其中的安瓶，請一定要試做看看。

> 難易度 ●○○
> 膚質 乾性、暗沉膚色
> 功效 保濕、改善膚色
> 保存 室溫
> 保存期限 1 ～ 2 個月

用自然的保濕力來提高肌膚的再生力

玻尿酸安瓶

PhytoG-Galac 能阻擋皮膚中因老廢物質與雜質無法代謝出去而產生的問題等，具有利用自然保濕提高肌膚再生力的功效。雖然是用起來不油的安瓶，但能長時間維持肌膚的保濕效果，打造出水潤有元氣的膚質。

> 難易度 ●○○
> 膚質 老化
> 功效 保濕、彈性、改善問題肌膚
> 保存 室溫
> 保存期限 1 ～ 2 個月

材料（30g）

玫瑰花水 16g

蘆薈膠 5g

馬格利酒發酵液 3g

銀杏葉萃取液 2g

玻尿酸 2g

維他命 E 1g

天然防腐劑（Napre）1g

天竺葵精油 5 滴

工具

玻璃量杯

電子秤

攪拌刮勺

滴管瓶（30ml）

作法│ How to Make

① 將玻璃量杯放在電子秤上，依序倒入量好分量的材料。

② 用刮勺拌勻。

③ 倒入事先消毒過的安瓶中，靜置一天待熟成後再使用。

用法│ How to Use

安瓶通常會裝入滴管瓶中，由於加了滴管可能會使內容物溢出，因此不能將瓶子裝滿。擦完精華液後，滴出 4～5 滴的安瓶，輕拍於全臉幫助吸收。

馬格利酒發酵液不只能預防深層肌膚的老化，還能加強表皮的彈性，也有助於肌膚再生修復。馬格利酒的主成分酒麴具有促進血液循環的機能，能防止肌膚累積疲勞物質，還能有效預防黑斑、雀斑。

→替代材料

銀杏葉萃取液→桑白皮萃取液

天然防腐劑（Napre）→ ecofree（從黃芩、牡丹皮等萃取出的成分製成的天然防腐劑。）

材料（30g）

PhytoG-Galac（覆膜酵母菌發酵產物濾液）16g

蘆薈膠 8g

海葡萄萃取液 2g

甜杏仁油 1g

橄欖液 1g

玻尿酸 1g

天然防腐劑（Napre）1g

100％玫瑰精油 1 滴

工具

玻璃量杯

電子秤

攪拌刮勺

滴管瓶（30ml）

作法│ How to Make

① 將玻璃量杯放在電子秤上，依序倒入量好分量的材料。

② 用刮勺拌勻。

③ 倒入事先消毒過的安瓶中，靜置一天待熟成後再使用。

海葡萄為一種吸收海洋中的礦物質與維他命生長的海草。能維持皮膚彈性，尤其是海葡萄萃取液中含有的褐藻酸，能有助於肌膚淨化。由於海葡萄的黏度很高，計量的時候要分成極少量慢慢加入。

→替代材料

覆膜酵母菌發酵產物濾液→玫瑰花水

蘆薈膠 5g →卡波姆凝膠 3g

甜杏仁油→杏核油

玻尿酸→聚季銨鹽 -51

100％玫瑰精油 1 滴→玫瑰草精油 5 滴

沙棘臉部保養油

馬油臉部保養油

能溫和吸收的皮膚營養油

沙棘臉部保養油

含有多種維他命與必須胺基酸等的沙棘油，可以算是營養素的集合體。出色的抗氧化與皮膚修復功效，是很常用來製作天然手工皂或保養品的植物油。一起加入能高效改善皺紋的薔薇果油與 Retinol（維他命 A 醇），雖然感覺起來是濃稠的臉部保養油，但能柔和且迅速地被吸收，使用起來無需擔心。

難易度 ●○○
膚質 乾性
功效 保濕、改善皺紋
保存 室溫
保存期限 1 ～ 2 個月

能使肌膚油水分泌平衡

馬油臉部保養油

臉部保養油只要簡單地混合便能完成，尤其到了秋天更是必備的保養品。從馬的脂肪組織中萃取出的脂肪成分馬油，具有平衡油水分泌的功效，優秀的抗菌作用，能改善受損的問題肌膚，也能有效對抗青春痘、過敏以及頸紋。

難易度 ●●○
膚質 鬆弛肌膚
功效 保濕、改善皺紋
保存 室溫
保存期限 1 ～ 2 個月

材料（30g）

沙棘油 3g

荷荷巴油 10g

薔薇果油 15g

維他命 E 1g

Retinol（維他命 A 醇）1g

真正薰衣草精油 10 滴

工具

玻璃量杯

電子秤

攪拌刮勺

棕色滴管瓶（30ml）

作法 | How to Make

① 將玻璃量杯放在電子秤上，依序倒入量好準確分量的沙棘油、荷荷巴油、薔薇果油、維他命、Retinol。

② 滴入真正薰衣草精油，再以刮勺混合均勻。

③ 倒入事先消毒過的容器，輕輕用手掌包覆，再一邊滾動一邊輕輕混合。

④ 靜置一天待熟成後再使用。

用法 | How to Use

臉部保養油能和乳液或保濕霜混合後塗抹，有助於防止水分蒸發，是實用性很高的保養品。化妝時，也能滴幾滴臉部保養油於粉底液中混合，就能感受到不浮粉且服貼的效果，也可以加入 BB 霜中混合。出現角質脫皮的地方，也能稍微塗抹再輕輕按壓即可。而油性膚質建議晚上使用較好。含有精華油的臉部保養油，最好裝入能阻隔直射光線的深棕色遮光瓶中，肌膚如果出現異常反應，需馬上停止使用。

材料（30g）

馬油 15g

荷荷巴油 6g

橄欖油酸乙基己酯 8g

維他命 E 1g

薰衣草精油 6 滴

羅馬洋甘菊精油 2 滴

工具

玻璃量杯

電子秤

攪拌刮勺

加熱板

溫度計

迷你手持攪拌機

棕色滴管瓶（30ml）

作法 | How to Make

① 將玻璃量杯放在電子秤上，依序倒入量好準確分量的馬油、荷荷巴油、橄欖油酸乙基己酯、維他命 E。

② 將量杯放在加熱板上，加熱至 40 ～ 45℃，接著用迷你手持攪拌機打散，由於馬油的熔點高無法完全融化，就要使用迷你手持攪拌機。

③ 滴入精油（薰衣草、羅馬洋甘菊），再以刮勺混合均勻。

④ 倒入事先消毒過的容器，輕輕用手掌包覆，再一邊滾動一邊輕輕混合。

⑤ 靜置一天待熟成後再使用。

用法 | How to Use

馬油為較稀的脂類劑型，做成乳霜會有像沉澱物一樣的白色物質沉在底部，因此使用前請先搖晃均勻。馬油保養油對於頸部紋路也有出色的效果，臉部保養後，請不要忘了頸部肌膚的管理，再結束保養程序。

依膚質選擇的保養油

乾性肌膚的臉部保養油

難易度 ◐△△
膚質 乾性
功效 保濕
保存 室溫
保存期限 1 〜 2 個月

乾性肌膚與油性肌膚在選擇臉部保養油時，有不同的基準。乾性肌膚需要的是能阻擋水分蒸發的堅固油脂保濕膜，尤其是遇到換季或冬季來臨時，會感到嚴重緊繃的乾燥感，就一定要使用保養油。可以加 1 〜 2 滴於保濕霜中塗抹於臉部，或是與粉底液混合後使用，有各式各樣的使用方法。

材料（30g）
酪梨油 5g
甜杏仁油 14g
杏核油 10g
維他命 E 1g
乳香精油 2 滴
真正薰衣草精油 4 滴

工具
玻璃量杯
電子秤
攪拌刮勺
棕色滴管瓶（30ml）

作法 │ How to Make

① 將玻璃量杯放在電子秤上，依序倒入量好分量的酪梨油、甜杏仁油、杏核油、維他命 E。

② 滴入乳香精油、真正薰衣草精油，再以刮勺混合均勻。

③ 倒入事先消毒過的容器，輕輕用手掌包覆，再一邊滾動一邊輕輕混合。

④ 靜置一天待熟成後再使用。

用法 │ How to Use

加入保濕力佳的植物油做成的乾性肌膚專用臉部保養油，有很強的滋潤感，或許初次使用的人會因為太過黏膩，而有點不適應，可用面紙將整臉再輕輕按壓一次，就能減少黏膩感，而且很快就能適應，會比保濕霜更加愛不釋手。

37. SPECIAL ITEM

能改善皮膚中的乾燥感，並且不黏膩

油性肌膚的臉部保養油

難易度 ◐△△
膚質 油性、問題肌膚
功效 保濕、調節皮脂
保存 室溫
保存期限 1 ～ 2 個月

膚質為油性，為何還要用保養油呢？許多人的肌膚表面雖然很油，但事實上卻是裡層乾燥的油性膚質！如果是這種油性肌膚，推薦使用起來清爽且吸收快的保養油，由於不黏膩的荷荷巴油能調節皮脂，油性膚質也適用。晚上洗完臉之後，請用臉部保養油輕柔地按摩肌膚吧。

材料（30g）
杏核油 15g
荷荷巴油 10g
摩洛哥堅果油 4g
維他命 E 1g
真正薰衣草精油 3 滴
天竺葵精油 3 滴

工具
玻璃量杯
電子秤
攪拌刮勺
棕色滴管瓶（30ml）

作法 | How to Make

① 將玻璃量杯放在電子秤上，依序倒入量好準確分量的杏核油、荷荷巴油、摩洛哥堅果油、維他命 E。

② 滴入真正薰衣草精油、天竺葵精油，再以刮勺混合均勻。

③ 倒入事先消毒過的容器，輕輕用手掌包覆，再一邊滾動一邊輕輕混合。

④ 靜置一天待熟成後再使用。

荷荷巴油是天然保養品中最常使用的植物油，由於有多種功效，可說是萬用油。首先荷荷巴油的保濕功能卓越，能抑制水分散失並預防氧化，很適合老化的肌膚。特色是不會太過滋潤或黏膩，使用起來的觸感也很好。能增加皮膚柔軟度與彈性的荷荷巴油，還具抗菌效果，由於可緩和發炎狀況並調節皮脂分泌，能預防青春痘或防止毛孔變粗大。

抗痘精華露

抗皺精華露

對抗粉刺、青春痘問題

抗痘精華露

當疲倦或感受到壓力時,皮膚會發出各種訊號,
尤其是臉上冒出的粉刺、青春痘等狀況,更是
讓人特別在意。這個時候,可以使用簡單混合
就能完成的精華露滾珠,針對肌膚的問題進行
集中保養。

難易度 ●○○
膚質 問題肌膚
功效 緩和問題肌膚
保存 室溫
保存期限 1～2 個月

延緩皺紋的形成

抗皺精華露

我們的臉部用無數的表情呈現內在的感情,不
知不覺中就會生成各種表情紋。因為表情或老
化而產生的皺紋,很難消失,為了能集中地保
濕與改善皺紋,便製作了這款精華露保養品。

難易度 ●●○
膚質 乾性、老化
功效 保濕、改善皺紋
保存 室溫
保存期限 1～2 個月

材料（50g）

白荷荷巴油 30g

橄欖油酸乙基己酯 19g

維他命 E 1g

尤加利精油 2 滴

茶樹精油 5 滴

天竺葵精油 3 滴

工具

玻璃量杯

電子秤

攪拌刮勺

滾珠瓶（10ml）5 個

作法 │ How to Make

① 將玻璃量杯放在電子秤上，依序倒入量好分量的白荷荷巴油、橄欖油酸乙基己酯、維他命 E。

② 以刮勺攪拌均勻後，依序滴入精油（尤加利、茶樹、天竺葵）混合。

③ 倒入事先消毒過的容器，靜置一天待熟成後再使用。

用法 │ How to Use

此款精華露並非是塗抹全臉的保養品，而是只集中使用在有狀況的部位，輕輕滾動塗抹即可。

尤加利對於燙傷、傷口、發炎或是看起來暗沉的膚色很有效果，還具有醒腦功效。

茶樹為一款對於傷口部位有清潔消毒的效果，但不具毒性也不會對皮膚造成刺激的精油。而尤加利與茶樹混合的複方精油，也以出色的抗炎、抗菌效果而知名。

材料（50g）

荷荷巴油 30g

摩洛哥堅果油 19g

維他命 E 1g

100％玫瑰精油 1 滴

花梨木精油 3 滴

工具

玻璃量杯

電子秤

攪拌刮勺

滾珠瓶（10ml）5 個

作法 │ How to Make

① 將玻璃量杯放在電子秤上，依序倒入量好分量的荷荷巴油、摩洛哥堅果油、維他命 E。

② 以刮勺攪拌均勻後，依序滴入 100％玫瑰、花梨木精油混合。

③ 倒入事先消毒過的容器，靜置一天待熟成後再使用。

用法 │ How to Use

輕輕滾動塗抹於額頭、兩頰、嘴角等出現令人在意皺紋的部位。

100％玫瑰精油、花梨木精油為出色的抗老複方精油，很適合因皺紋感到煩惱的膚質使用。

複方精油可依個人喜好來選擇，混合玫瑰精油 1 滴與乳香精油 3 滴，或是混合橙花精油 1 滴與乳香精油 3 滴來使用。

能有效改善瑕疵的保養精華露

美白精華露

難易度 ●△△
膚質 斑點多的肌膚
功效 美白、改善斑點
保存 室溫
保存期限 2 ～ 3 個月

當臉上的斑點突然變得明顯時，總是會讓人感到困擾。加入能讓肌膚透亮的覆盆莓籽油，以及能改善膚色的熊果素微脂粒，做成美白精華露，集中塗抹於出現斑點的部位，達到保養改善之效。

材料（30g）

荷荷巴油 7g

橄欖油酸乙基己酯 10g

覆盆莓籽油 10g

熊果素微脂粒 1g

橄欖液 0.5g

維他命 E 1g

薰衣草精油 8 滴

依蘭依蘭精油 2 滴

工具

玻璃量杯

電子秤

攪拌刮勺

滾珠瓶（10ml）3 個

作法 │ How to Make

① 將玻璃量杯放在電子秤上，依序倒入量好分量的荷荷巴油、橄欖油酸乙基己酯、覆盆莓籽油、熊果素微脂粒、橄欖液、維他命 E。

② 以刮勺攪拌均勻後，依序滴入精油（薰衣草、依蘭依蘭）混合。

③ 倒入事先消毒過的容器，靜置一天待熟成後再使用。

覆盆莓也稱作樹莓，含有豐富的多酚、單寧、花色素苷、植物化學成分，能使肌膚水潤透亮。和莓類植物一樣，富含維他命 A，能預防黑斑或雀斑生成，並能抵抗紫外線避免肌膚變黑。覆盆莓籽油不厚重且延展性佳，由於能迅速被皮膚吸收，油性肌膚使用也不會覺得黏膩。

→替代材料

覆盆莓籽油→琉璃苣油

專為肌膚再生與彈性打造的保養祕方

修復精華露

難易度 ◖◯◯

膚質 所有膚質

功效 修復、彈性

保存 室溫

保存期限 2 ～ 3 個月

如果為失去彈性、看起來鬆弛的肌膚感到擔憂，特別推薦這款精華露
保養品。由於能在短時間內集中供給養分，解決斑點、彈性等各種肌
膚困擾。在具有優秀修復肌膚效果的天然植物油中，加入可有效改善
老化肌膚與皺紋的花梨木與茉莉精油，製作成修復精華露，點在需要
集中保養的部位，輕輕塗抹即可。

材料（50g）

薔薇果油 23g

荷荷巴油 7g

葵花籽油 19g

維他命 E 1g

花梨木精油 4 滴

茉莉精油 1 滴

工具

玻璃量杯

電子秤

攪拌刮勺

滾珠瓶（10ml）5 個

作法 | How to Make

① 將玻璃量杯放在電子秤上，依序倒入量好分量的薔薇果油、荷
荷巴油、葵花籽油、維他命 E。

② 以刮勺攪拌均勻後，依序滴入精油（花梨木、茉莉）混合。

③ 倒入事先消毒過的容器，靜置一天待熟成後再使用。

用法 | How to Use

也可將修復精華露裝入滴管瓶中，當成臉部保養油使用。

精油可依個人喜好選擇，可以混合橙花精油 1 滴與花梨木精油 4 滴，或是混合玫瑰
精油 1 滴與乳香精油 5 滴來製作。

漢方去角質凝膠

水楊酸去角質凝膠

打造透亮健康的肌膚

漢方去角質凝膠

定期地去除角質是保養肌膚的基本法則，雖然使用磨砂膏也是不錯的
方法，但可能會造成刺激，也不容易定期進行，於是便做了這款只要
塗抹於臉上，再用水清洗，就能溫和將角質溶解的去角質凝膠。BHA
（水楊酸）萃取液能將不正常堆積在毛孔周圍的角質溫和溶解，調整
皮膚肌理，使保養品中各種有效成分能更容易被吸收。

材料（100g）

蒸餾水 50g

蘆薈膠 21g

西施玉容散萃取液 8g

甘草萃取液 7g

BHA（水楊酸）萃取液 5g

羥乙基纖維素 3g

西施玉容散粉末 1g

甘油 3g

天然防腐劑（Napre）1g

薰衣草精油 20 滴

工具

玻璃量杯

電子秤

攪拌刮勺

加熱板

拋棄式擠花袋

軟管（70ml）2 個

作法 | How to Make

① 將玻璃量杯放在電子秤上，依序倒入量好分量的蒸餾水、蘆薈
膠、西施玉容散萃取液、甘草萃取液、BHA（水楊酸）萃取液、
羥乙基纖維素。

② 將量杯放在加熱板上，加熱至 60 ～ 65℃。

③ 持續攪拌直到羥乙基纖維素出現黏度為止。

④ 加入西施玉容散粉末、甘油、天然防腐劑，以刮勺混合均勻。

⑤ 滴入薰衣草精油並混合。

⑤ 將去角質凝膠裝入擠花袋中，擠入事先消毒過的容器中。

用法 | How to Use

由於去角質凝膠具有黏度，不容易倒入軟管中，建議可使用擠花袋來裝入，但需先
用酒精消毒塑膠製的拋棄式擠花袋後再使用。做好的漢方去角質凝膠，雖然可以直
接使用，但經熟成後使用起來會更好。臉部保持乾燥，將去角質凝膠塗於臉部，仔
細按摩後，用水洗淨即可。請注意不要讓凝膠進入眼睛。

西施玉容散能打造如同玉一般的肌膚，處方記載於《東醫寶鑑》中。西施玉容散的
萃取液或粉末如有剩餘，還能加入水中當成保養面膜使用。由於帶有獨特的香氣，
對於香味敏感的人建議避免使用。

BHA（水楊酸）萃取液為從植物中萃取出的天然成分，能調整皮脂的分泌與生成，
並同時使細胞再生，有鎮定皮膚使其表面平滑的功用，還具有優秀的抗菌作用，是
很適合青春痘或油性膚質的材料。

具有去角質與保濕肌膚的功效

水楊酸去角質凝膠

加入水楊酸與果酸，能溫和溶解累積皮膚角質的去角質凝膠，兩種萃取物不僅有出色的去角質效果，還是有助肌膚保濕的成分。如果覺得皮膚表面粗糙或臉色暗沉，使用這款簡單塗抹再清洗的凝膠，就能清除阻塞的毛孔，改善皮膚肌理，打造緊實有彈性的膚質。

材料（100g）

薰衣草花水 81g

BHA（水楊酸）萃取液 5g

AHA（果酸）萃取液 2g

羥乙基纖維素 3g

甘油 3g

天然防腐劑（Napre）1g

黑砂糖 5g

柑橘精油 3 滴

花梨木精油 2 滴

工具

玻璃量杯

電子秤

攪拌刮勺

加熱板

拋棄式擠花袋

軟管（70ml）2 個

作法 | How to Make

① 將玻璃量杯放在電子秤上，依序倒入量好分量的薰衣草花水、BHA（水楊酸）萃取液、AHA（果酸）萃取液、羥乙基纖維素。

② 將量杯放在加熱板上，加熱至 60 ～ 65℃。持續攪拌直到羥乙基纖維素出現黏度為止。

③ 加入甘油、天然防腐劑，以刮勺攪拌混合均勻。

④ 待量杯完全冷卻後，加入黑砂糖、精油（柑橘、花梨木），以刮勺拌勻。

⑤ 將去角質凝膠裝入擠花袋中，擠入事先消毒過的容器中。

⑥ 靜置一天待熟成後再使用。

用法 | How to Use

請先將塑膠製的拋棄式擠花袋用酒精消毒後再使用。做好的 BHA（水楊酸）去角質凝膠，雖然可以直接使用，但經熟成後使用起來會更好。臉部保持乾燥，將去角質凝膠塗於臉部，仔細按摩後，用水洗淨即可。請注意不要讓凝膠進入眼睛。

AHA（果酸）萃取液為 Alpha Hydroxy Acid 的縮寫，具有改善肌膚乾燥、鬆弛、去角質等各種功效。AHA 萃取液約有 30 多種種類，其中又以柑橘類水果中萃取出的檸檬酸、乳酸、蘋果酸等最具代表性。對於陽光造成的損傷，或是因角質使得皮膚層變厚的膚質，都有優秀的效果。

有效保濕肌膚的天然保養油

橄欖油面膜

難易度 ◐◇◇
膚質 乾性
功效 保濕
保存 室溫
保存期限 1 ～ 2 個月

感到壓力的日子，一定要讓疲憊的肌膚好好休息，利用短暫的敷面膜時光，就能得到真正的放鬆與療癒。加入了橄欖油增稠劑，做成不會流動、能保持乾淨的乳霜型天然面膜，還添加紅豆粉與輔酶 Q10，能使膚色明亮，並有助於保濕與修復。

材料（50g）

橄欖油增稠劑 30g
葵花籽油 12g
維他命 E 1g
橄欖液 2g
紅豆粉 4g
輔酶 Q10（脂溶性） 1g
天竺葵精油 5 滴

工具

玻璃量杯
電子秤
攪拌刮勺
乳霜容器（80ml）

作法 │ How to Make

① 將玻璃量杯放在電子秤上，計量並加入除了精油以外其餘的所有材料。

② 用刮勺仔細攪拌均勻，避免紅豆粉結塊。

③ 加入天竺葵精油拌勻，接著倒入事先消毒過的容器中。

用法 │ How to Use

將臉部洗淨後，舀出適量的面膜塗抹於臉部，約 10 分鐘過後，再用水洗淨。每周使用 1 ～ 2 次即可。

增稠劑（Tranagel）為利用二氧化矽製成的天然植物油膠，減少了天然橄欖油特有的黏性與油分，特色是使用起來會有像矽油一般滑順的感覺。能在皮膚上形成天然的薄膜，防止水分蒸發，使用起來清爽且容易吸收。在橄欖油增稠劑中加入天然植物油，就可以調整濃稠度。

含有豐富有益肌膚的養分

南瓜面膜

熟透且潤澤的南瓜帶有引發食慾的黃色色澤，這是因為含有葉黃素的緣故。葉黃素是能預防皮膚癌的成分，並有著廣為人知的出色保濕效果，此外，還有豐富的 β 胡蘿蔔素與維他命 E，具有幫助皮膚再生與防止老化的效果，能使疲憊的肌膚變得健康水潤。

材料（70g）

蒸餾水 33g
南瓜粉 23g
甜杏仁油 2g
玻尿酸 10g
維他命 E 1g
天然防腐劑（Napre） 1g
真正薰衣草精油 3 滴
檀香精油 1 滴

工具

玻璃量杯
電子秤
攪拌刮勺
乳霜容器（80ml）

作法 │ How to Make

① 將玻璃量杯放在電子秤上，計量好並加入除了精油以外其餘的所有材料。

② 用刮勺仔細攪拌均勻，避免南瓜粉結塊。

③ 加入真正薰衣草精油、檀香精油拌勻，接著倒入事先消毒過的容器中。

→替代材料

蒸餾水→橙花花水
甜杏仁油→杏核油
玻尿酸→甘油
維他命 E →葡萄柚籽萃取液
天然防腐劑（Napre）→漢方防腐劑（IndiGuard-N）

橄欖油面膜

南瓜面膜

供給水分並能潤滑肌膚

燕麥面膜

難易度 ●△△
膚質 乾性、敏感性
功效 去除老廢物質、保濕
保存 室溫
保存期限 1～2 個月

燕麥是天然面膜中最常使用的材料，由於含有豐富的養分以及無刺激性，也適用於敏感性膚質，具有供給水分與去除老廢物質等功效，亦能用在手工皂或潔顏用品中，實用度相當高。如果很注重肌膚保養，就一定要備有燕麥。

材料（70g）
蒸餾水 37g
燕麥粉 20g
摩洛哥堅果油 2g
玻尿酸 9g
維他命 E 1g
天然防腐劑（Napre）1g
真正薰衣草精油 3 滴
葡萄柚精油 5 滴

工具
玻璃量杯
電子秤
攪拌刮勺
乳霜容器（80ml）

作法 | How to Make

① 將玻璃量杯放在電子秤上，計量好並加入除了精油以外其餘的所有材料。

② 用刮勺仔細攪拌均勻，避免燕麥粉結塊。

③ 加入真正薰衣草、葡萄柚精油拌勻，接著倒入事先消毒過的容器中。

用法 | How to Use

可以利用紗布，將面膜敷上去，或是直接敷在皮膚上即可。

燕麥是能供給乾燥肌膚水分，並柔軟膚質的天然原料。尤其燕麥能幫助皮膚鎖住水分，清除皮膚中的老廢物質，常活用在洗顏劑、去角質霜、面膜、天然手工皂等各種保養品中。還可以將燕麥粉中加入蜂蜜或牛奶，做成簡單的面膜。

→替代材料

蒸餾水→玫瑰花水
摩洛哥堅果油→橄欖油
玻尿酸→甘油
維他命 E →葡萄柚籽萃取液
天然防腐劑（Napre）→ ecofree 天然防腐劑

能鎮靜肌膚並供給養分

杏核面膜

由於杏核粉有優秀的供給養分效果，亦能改善瑕疵，從很久以前就是廣受喜愛的天然面膜素材之一，持續使用能使肌膚潤澤滑順。製作好一定分量後置於冰箱冷藏保存，並要盡快使用，或是一次只製作一次的分量（10 克）使用，也是不錯的方法。

材料（70g）
蒸餾水 38g
杏核粉 20g
摩洛哥堅果油 2g
玻尿酸 8g
維他命 E 1g
天然防腐劑（Napre）1g
真正薰衣草精油 3 滴

工具
玻璃量杯
電子秤
攪拌刮勺
乳霜容器（80ml）

作法 ｜ How to Make

① 將玻璃量杯放在電子秤上，計量好並加入除了精油以外其餘的所有材料。

② 用刮勺仔細攪拌均勻，避免杏核粉結塊。

③ 加入真正薰衣草精油拌勻，接著倒入事先消毒過的容器中。

杏核對於雀斑、老人斑、黑斑等有出色的功效，也可以當成天然磨砂膏，是能去除陳年角質與皮脂的材料。杏核油同樣有多種效能，能美白、改善泛紅肌膚，並有助於鎮靜，不止乾性皮膚，需要皮脂管理的油性肌膚、問題肌膚、敏感性肌膚等都適用。優點是沒有油脂特有的黏膩感，能被肌膚迅速吸收。

→替代材料

蒸餾水→玫瑰花水
杏核粉→黃原膠
摩洛哥堅果油→月見草油
玻尿酸→甘油
維他命 E →葡萄柚籽萃取液

PART 3

溫和的身體清潔配方
BODY CARE

我們的身體和臉部一樣，都需要水分與營養的供給。
有豐富的洗淨力、無刺激性且溫和的沐浴乳、
能使肌膚油水平衡的身體乳液與乳霜、
以及形成肌膚水分保護膜的身體保養油、
甚至是預防落髮、保養頭皮等護髮產品等，
為了能健康地潔淨保養身體，請試做看看各式各樣的配方吧。

我們的身體也和臉部一樣，
需要供給水分與營養。
為了能不刺激、溫和且健康地清潔身體，
請試做看看各式各樣的配方吧。

咖啡身體磨砂膏

黑糖泡泡磨砂皂

黑糖泡泡磨砂皂

所有膚質
磨砂膏、保濕
室溫
1～2個月

在皂基中加入植物油、有機黑砂糖與天然粉末，做成同時具有磨砂膏、潔顏、保濕功效的保養配方。如同按摩般輕輕搓揉，再用清水洗淨，就能保持水潤感並柔軟皮膚肌理。由於加入的皂基分量不多，不算是泡泡很多的磨砂膏產品。利用孩子喜歡的手工皂造型模具來試做看看吧。

皂基 23g
杏核油 10g
葡萄籽油 10g
有機黑砂糖 53g
可可粉 1g
玻尿酸 2g
檸檬精油 15 滴
天竺葵精油 5 滴

玻璃量杯 2 個
切皂器
電子秤
攪拌刮勺
加熱板
溫度計
皂模

1. 將玻璃量杯放在電子秤上，放入用切皂器切成小塊的皂基並量好分量。

2. 將量杯放在加熱板上，加熱至 70℃，使皂基融化。

3. 另一個量杯放入計量好分量的杏核油與葡萄籽油，再放入有機黑砂糖、可可粉、玻尿酸混合均勻。

4. 將 2 個量杯混合後，滴入檸檬、天竺葵精油。

5. 倒入皂模使其凝固。

6. 等到完全凝固後取出，靜置一天待熟成後再使用。

先將全身打濕，再利用磨砂皂按摩全身。請小心不要進入眼睛，如果是較為敏感的膚質，先用攪拌器將有機黑砂糖磨細碎，再加入使用。

能有效去除鼻子上的黑頭粉刺，以 1：1 的比例混合後，擦在鼻子上，搓揉約 1 分鐘後，再用水洗淨即可。

為 15 連模的 3 種花朵裝飾模具，也可以使用皂模或各種造型的模具。

能使全身光滑水潤

咖啡身體磨砂膏

<table>
<tr><td>難易度</td><td>🌢</td></tr>
<tr><td>膚質</td><td>油性、混合性</td></tr>
<tr><td>功效</td><td>磨砂膏、保濕</td></tr>
<tr><td>保存</td><td>室溫</td></tr>
<tr><td>保存期限</td><td>1 ～ 2 個月</td></tr>
</table>

這是一款能去除身體老廢物質，使肌膚光滑柔嫩的身體磨砂膏。咖啡、黑砂糖、燕麥等可以直接當成磨砂膏使用，也能有效去除角質；能供給肌膚水分的天然植物油，再加上葡萄柚、薰衣草精油的香氣，請試做看看這款可使沐浴時光更加愉悅的磨砂膏吧。

材料（250g）

蘆薈膠 80g

杏核油 37g

葡萄籽油 25g

橄欖液 8g

咖啡粉 36g

燕麥粉 25g

有機黑砂糖 25g

甘油 7g

天然防腐劑（Napre）1g

維他命 E 2g

葡萄柚精油 30 滴

真正薰衣草精油 20 滴

工具

玻璃量杯

電子秤

攪拌刮勺

乳霜容器（250ml）

作法 | How to Make

① 將玻璃量杯放在電子秤上，倒入量好分量的蘆薈膠、杏核油、葡萄籽油、橄欖液、精油（葡萄柚、真正薰衣草）並混合。

② 依序放入咖啡粉、燕麥粉、有機黑砂糖、甘油、天然防腐劑、維他命 E，同時攪拌均勻。

③ 倒入事先消毒過的容器中。

用法 | How to Use

沐浴後趁身體還是濕的時候，舀出磨砂膏像按摩一般輕輕搓揉。

咖啡粉指的是將咖啡過濾之後留下的咖啡渣。咖啡館裡都有專門放置咖啡渣的地方，供顧客取用。咖啡渣還可以當成除濕劑、除臭劑等各種用途，由於是濕的狀態，請在陽光下曬乾後再使用。

→替代材料

杏核油→酪梨油、荷荷巴油

燕麥粉→米糠粉

完全保留穀物中的養分與保濕力

穀物身體磨砂膏

具有去除角質與供給水分功效的燕麥粉、含有油脂成分的米糠粉，以
及能滑順肌膚的薏仁粉，加入三種穀物所做的磨砂膏，並添加有美白
功效及有助於去除角質的果酸萃取液，能讓全身肌膚光滑潤澤，使用
後再用水洗淨，讓全身享受清爽的感受。

材料（100g）

杏核油 24g

荷荷巴油 20g

葡萄籽油 10g

AHA（果酸）萃取液 20g

燕麥粉 10g

米糠粉 2g

薏仁粉 2g

維他命 E 2g

橄欖液 10g

檸檬精油 10 滴

迷迭香精油 2 滴

天竺葵精油 4 滴

工具

玻璃量杯

電子秤

攪拌刮勺

乳霜容器（100ml）

作法｜ Recipe to Make

1. 將玻璃量杯放在電子秤上，依序放入所有材料並混合。

2. 用攪拌勺仔細拌勻，避免粉末結塊。

3. 倒入事先消毒過的容器中，靜置一天待熟成後再使用。

AHA（果酸）萃取液為 Alpha Hydroxy Acid 的縮寫，能去除皮膚表面不正常的細胞，
因此能改善色素沉澱使膚色明亮，也有研究指出可抑止麥拉寧色素的生成。使用
AHA 成分來保養皮膚，從好幾世紀前就已經開始，像是埃及的女性會用牛奶沐浴，
而法國則是會使用陳年的葡萄酒。

米糠粉指的是米糠的粉末，米糠中含有豐富的維他命 A、B、鐵質、礦物質等營養素，
對於乾性或老化膚質很有效，由於能去除角質進行再生作用，以前還會用米糠來代
替肥皂洗臉。

單純溫和，連孩子也能一起使用

中性身體沐浴膠

難易度 ◌◌
膚質 乾性、敏感性
功效 保濕、清潔
保存 室溫
保存期限 2 ～ 3 個月

加入刺激性低且使用起來溫和的橄欖油界面活性劑與椰油醯胺丙基甜
菜鹼，做成從孩童到敏感性肌膚都能使用的凝膠狀身體沐浴劑，請試
做看看這款成分單純、能溫和洗去老廢物質的水溶性沐浴膠。

材料（200g）

水相層 精製水 120g

Glucamate 界面活性劑 10g

添加物 橄欖油界面活性劑 20g

CDE（椰油醯胺） 4g

椰油醯胺丙基甜菜鹼 4g

甘油 2g

天然防腐劑（Napre） 4g

杏核油 10g

橄欖液 4g

蘆薈膠 20g

精油 真正薰衣草精油 36 滴

橙花精油 20 滴

工具

玻璃量杯

電子秤

攪拌刮勺

加熱板

溫度計

洗髮精容器（200ml）

作法 | How to Make

① 將玻璃量杯放在電子秤上，依序計量水相層（精製水、Glucamate 界面活性劑）的材料。

② 將玻璃量杯放在加熱板上，加熱至 60℃。

③ 待 Glucamate 界面活性劑完全溶解後，停止加熱，加入添加物（橄欖油界面活性劑、CDE、椰油醯胺丙基甜菜鹼、甘油、天然防腐劑、杏核油、橄欖液、蘆薈膠），並用刮勺攪拌均勻。

④ 滴入精油（真正薰衣草、橙花）並混合均勻。

⑤ 倒入事先消毒過的容器，靜置一天待熟成後再使用。

Glucamate 為萃取自玉米的陽離子性界面活性劑，可以增加黏度並且有保養的效果。由於是很溫和的成分，是洗髮精、潤髮乳、沐浴乳或嬰兒用品一定會加入的材料。

橄欖油界面活性劑是利用橄欖液的成分製作成能產生綿密泡泡的起泡劑，像是洗髮精、沐浴乳等需要豐富泡沫的產品，都一定會加入的材料。並且是能與 LES 和椰油醯胺丙基甜菜鹼的成分相容的天然界面活性劑。

中性身體沐浴膠

穀物身體磨砂膏

簡單混合就能製作的身體清潔劑

純淨身體沐浴乳

難易度 ●
膚質 乾性、敏感
功效 清潔、保濕
保存 室溫
保存期限 2 〜 3 個月

利用液態皂基做的沐浴乳，無需加熱的步驟，只要混合各種材料就能完成。液態皂基是由 100％的植物性乳油木果脂、椰子油、棕櫚油製成，對肌膚不會造成負擔，含有天然保濕劑，特色是使用起來非常溫和，再加入能鎮靜肌膚、去除角質的甘草萃取液，能讓全身皮膚光滑柔潤。

材料（200g）

液態皂基 150g

甘草萃取液 20g

綠茶萃取液 20g

甘油 4g

玻尿酸 2g

天然防腐劑（Napre）2g

柑橘精油 20 滴

花梨木精油 20 滴

工具

玻璃量杯

電子秤

攪拌刮勺

泡泡瓶（200ml）

作法 ｜ How to Make

① 將玻璃量杯放在電子秤上，依序加入除了精油以外其餘的所有材料，並用刮勺拌勻。由於會產生泡沫，因此不建議使用迷你手持攪拌機。

② 滴入精油（柑橘、花梨木）並混合均勻。

③ 倒入事先消毒過的容器中，靜置一天待熟成後再使用。

用法 ｜ How to Use

有句俗話説「藥中甘草」，甘草萃取液就是從具有多種功效的藥材甘草中，所萃取出的成分。含有皂苷成分中的甘草皂苷，能調整膚色，有優秀的消炎功效，並有助於肌膚再生。甘草能鎮靜肌膚，有助於修復長時間暴露在陽光下的皮膚，能去除陳年角質或皮脂，也可用來當做磨砂膏使用。

沉浸在玫瑰香氣的身體沐浴乳

玫瑰身體沐浴乳

難易度 🌢
膚質 乾性
功效 保濕、清潔
保存 室溫
保存期限 2 ～ 3 個月

加入能供給肌膚水分與彈性的滋陰丹萃取液，以及薔薇香精油製成的
身體沐浴乳。將一整天的疲勞，透過沐浴的時光，讓精油與玫瑰香氣
使身心感受到平靜與舒緩。只要加入少量薔薇香精油，就會有濃郁的
香氣，如果對香味敏感，可以稍微減少分量。

材料（300g）

水相層 精製水 120g

黃原膠 1g

甘油 20g

滋陰丹萃取液 10g

界面活性劑

橄欖油界面活性劑 142g

添加物 葡萄柚籽萃取液 2g

天然防腐劑（Napre）3g

精油 玫瑰草精油 20 滴

天竺葵精油 20 滴

薔薇香精油 10 滴

工具

玻璃量杯

電子秤

攪拌刮勺

沐浴乳容器（300ml）

作法 | How to Make

① 將玻璃量杯放在電子秤上，先計量黃原膠和甘油並混合。由於
黃原膠不容易稀釋，要先和甘油混合並用刮勺拌勻。

② 加入精製水、滋陰丹萃取液，並一邊攪拌使其出現黏度。

③ 加入橄欖油界面活性劑、添加物（葡萄柚籽萃取液、天然防腐
劑），一邊用刮勺拌勻。

④ 滴入精油（玫瑰草、天竺葵）與薔薇香精油並混合均勻。

⑤ 用刮勺攪拌 3 ～ 5 分鐘使其混合均勻。

⑥ 倒入事先消毒過的容器，並不時搖晃讓黏度均勻散開。靜置一
天待熟成後再使用。

滋陰丹萃取液是從玉竹、白芍藥、百合、蓮花、地黃等 5 種藥材做成的滋陰丹中萃
取而成，滋陰丹是能改善乾燥、失去光澤、彈性不佳等皮膚現象的材料。「滋陰」
如同其名能調節肌膚的陰陽平衡。

保濕身體乳液

纖體乳液

116

給肌膚滿滿、滿溢溢的水分保濕感

保濕身體乳液

難易度 ◆◆◆
膚質 乾性
功效 保濕
保存 室溫
保存期限 2～3 個月
rHLB 6.5

採取自乳油木果實的乳油木果脂，不只能保濕，還有抗氧化、抗炎，以及阻隔紫外線的效果；再加入非常適合乾性肌膚的荷荷巴油、杏核油，做成能讓皮膚迅速吸收又不黏膩的身體乳液。沐浴過後或是皮膚覺得乾燥時，都可以隨時補擦。

材料（300g）

水相層 精製水 118g
洋甘菊花水 100g
玻尿酸 9g
尿囊素 2g

油相層 荷荷巴油 30g
杏核油 15g
乳油木果脂 5g
橄欖乳化蠟 6.2g
GMS 乳化劑 5.8g

添加物 神經醯胺 4g
天然防腐劑（Napre）3g

精油 真正薰衣草精油 40 滴
丁香香精油 3 滴

工具

玻璃量杯 2 個
電子秤
攪拌刮勺
加熱板
溫度計
迷你手持攪拌機
容器（300ml）

作法｜How to Make

① 將玻璃量杯放在電子秤上，計量水相層（精製水、洋甘菊花水、玻尿酸、尿囊素）的材料。

② 用另一個量杯計量油相層（荷荷巴油、杏核油、乳油木果脂、橄欖乳化蠟、GMS 乳化劑）的材料。

③ 將 2 個量杯放在加熱板上，加熱至 70～75℃。

④ 將油相層的量杯慢慢倒入水相層的量杯中，並持續用刮勺與迷你手持攪拌機輪流攪拌。要一直攪拌使乳化不會散開。

⑤ 當溫度下降至 50～55℃，出現些許黏度時，依序加入添加物（神經醯胺、天然防腐劑），一邊用攪拌勺拌勻。

⑥ 加入真正薰衣草精油與丁香香精油並拌勻。

⑦ 待溫度下降至 40～45℃時，倒入事先消毒過的容器中，靜置一天待熟成後再使用。

乳油木果脂對肌膚有出色的保濕與再生效果，很適合乾性膚質。

荷荷巴油的吸收力佳，擦在皮膚時不會感覺黏膩，能保有肌膚中的水分，長時間維持水潤感。荷荷巴油還具有預防萎縮紋（肥胖紋、妊娠紋）的效果，其中類似膠原蛋白組織的成分，能促進細胞再生，用荷荷巴油按摩就能預防萎縮紋。

塑造優美的身體曲線

纖體乳液

甜橙與茴香複方精油能促進血液循環，有助於去除橘皮組織以及消除
浮腫，沐浴後趁身體還是濕的時候，塗抹於全身並同時進行按摩。由
於加入了能供給肌膚養分並有助於保濕的植物油，能打造光滑潤澤的
身體曲線。

難易度 ◆◆◆

膚質 乾性、浮腫

功效 保濕、去除橘皮組織

保存 室溫

保存期限 1 ～ 2 個月

rHLB 7.14

材料（100g）

水相層 精製水 66g

甘油 3g

苦蔘萃取液 3g

油相層 杏核油 13g

橄欖油 5g

乳油木果脂 3g

橄欖乳化蠟 3.2g

GMS 乳化劑 1.8g

添加物 Multi-Naturotics 1g

維他命 E 1g

精油 甜橙精油 10 滴

茴香精油 5 滴

工具

玻璃量杯 2 個

電子秤

攪拌刮勺

加熱板

溫度計

迷你手持攪拌機

容器（100ml）

作法 | How to Make

① 將玻璃量杯放在電子秤上，依序計量水相層（精製水、甘油、苦蔘萃取液）的材料。

② 將量杯放在加熱板上，加熱至 70 ～ 75℃。

③ 將另一個玻璃量杯放在電子秤上，計量油相層（杏核油、橄欖油、乳油木果脂、橄欖乳化蠟、GMS 乳化劑）的材料。

④ 將量杯放在加熱板上，加熱至 70 ～ 75℃，中途要不時攪拌，使乳化蠟更快融化。

⑤ 將 2 個量杯的溫度調節至 70 ～ 75℃。

⑥ 將油相層的量杯慢慢倒入水相層的量杯中，並用迷你手持攪拌機進行混合。如果用刮勺會使乳化散開，乳液黏度就會變稀。

⑦ 當溫度下降至 50 ～ 55℃，出現些許黏度時，依序加入添加物（Multi-Naturotics、維他命 E）與精油（甜橙、茴香），一邊用攪拌勺拌勻。

⑧ 待溫度下降至 40 ～ 45℃ 時，直接倒入容器中。

甜橙與茴香能促進血液循環並去除橘皮組織，是對減肥很有效的精油。假使材料還有剩餘，可以將杏核油 10 克、甜橙精油 2 滴、茴香精油 1 滴混合，做成腹部按摩油，能有效去除許多人都感到苦惱的腹部贅肉。

角鯊烯身體霜

難易度 🌢🌢🌢
適膚 乾性、敏感性
功效 保濕、修復、彈性
保存 室溫
保存期限 1 ～ 2 個月
rHLB 6.70

又有「爆水霜」之稱的角鯊烯身體霜，由於角鯊烯有出色的保濕與濕潤效果，在肌膚感到乾燥的時候塗抹，就能維持長久的保濕力。同時加入有出色保濕效果的植物油與蘆薈膠，能調整肌膚的油水平衡，只要塗抹於全身，就能讓肌膚好好享受一下奢華感。

材料（100g）

水相層 茶樹花水 50g
甘油 3g
迷迭香萃取液 2g

油相層 荷荷巴油 12g
杏核油 5g
酪梨油 7g
角鯊烯 4g
橄欖乳化蠟 3.9g
GMS 乳化劑 3.1g

添加物 蘆薈膠 7g
聚季銨鹽 -51 1g
維他命 E 1g
天然防腐劑（Napre） 1g

精油 真正薰衣草精油 10 滴
花梨木精油 3 滴
茶樹 3 滴

工具

玻璃量杯 2 個
電子秤
攪拌刮勺
加熱板
溫度計
小量杯
迷你手持攪拌機
乳霜容器（100ml）

作法 How to Make

1. 將玻璃量杯放在電子秤上，依序計量水相層（茶樹花水、甘油、迷迭香萃取液）的材料。

2. 將量杯放在加熱板上，加熱至 70 ～ 75℃。

3. 將另一個玻璃量杯放在電子秤上，計量油相層（荷荷巴油、杏核油、酪梨油、角鯊烯、橄欖乳化蠟、GMS 乳化劑）的材料。

4. 將量杯放在加熱板上，加熱至 70 ～ 75℃，中途要不時攪拌，使乳化蠟更快融化。

5. 將添加物（蘆薈膠、聚季銨鹽 -51、維他命 E、天然防腐劑）加入小量杯中，並用刮勺混合。

6. 將水相層與油相層量杯的溫度調節至 70 ～ 75℃。

7. 將油相層的量杯慢慢倒入水相層的量杯中，並用迷你手持攪拌機進行混合。如果用刮勺會使乳化散開，乳液黏度就會變稀。

8. 當溫度下降至 50 ～ 55℃，出現些許黏度時，將事先混合好的添加物與精油（真正薰衣草、花梨木、茶樹），分成少量多次加入，再持續攪拌 1 ～ 2 分鐘。

9. 倒入事先消毒過的容器，靜置一天待熟成後再使用。

植物性角鯊烯是從橄欖中萃取出的成分，能活化皮膚表皮的生長促進因子，去除有害氧，是能使受損的皮膚細胞再生的成分。人體也會自行生成角鯊烯，以皮質中分布最多。青少年皮膚之所以有彈性，也是因為角鯊烯含量最高的緣故。

方便攜帶且能呵護乾燥受損肌膚

角鯊烯身體滋養膏

難易度 ◍◍
膚質 乾性、老化
功效 保濕、修復
保存 室溫
保存期限 1 ～ 2 個月

加入有保濕效果並能修復受損皮膚細胞的角鯊烯，不僅製作容易也很
方便攜帶，是很受歡迎的產品。在乾燥的室內工作環境中，或是寒冷
的冬季與溫差大的秋天都能塗抹。雖然是偏硬的形態，但碰到體溫就
會輕輕融化並迅速滲透。

材料（30g）

油相層 荷荷巴油 10g
　　　　甜杏仁油 5g
　　　　角鯊烯 7g
　　　　蜂蠟 6g
　　　　橄欖油植物蠟（Oliwax LC）1g
　　　　維他命 E 1g

精油 3%的玫瑰精油加荷荷巴油
　　　 10 滴
　　　 乳香精油 2 滴

工具

玻璃量杯
電子秤
玻璃棒
加熱板
溫度計
馬口鐵盒（30ml）

作法 | How to Make

① 將玻璃量杯放在電子秤上，依序計量油相層（荷荷巴油、甜杏
仁油、角鯊烯、蜂蠟、橄欖油植物蠟、維他命 E）的材料。

② 將量杯放在加熱板上，加熱至蜂蠟還剩 5 ～ 6 顆左右時，從加
熱板上取下，利用餘熱使其融化。

③ 加入精油（3%的玫瑰精油加荷荷巴油、乳香精油），再用玻璃
棒拌勻。

④ 倒入事先消毒過的容器，靜置一天待熟成後再使用。

用法 | How to Use

先將雙手洗淨，舀出適量於手中搓揉，使其慢慢融化，再輕輕塗抹於乾燥或需要修
復的部位。由於精油可能會造成刺激，請不要塗抹於唇等脆弱部位。

乳香精油曾在聖經中被提及，可謂歷史悠久的精油，東方博士前往朝見聖嬰耶穌時，
獻上的禮物之一就是乳香。能提供老化肌膚生氣，並有改善皺紋的作用，此外還能
平衡皮脂分泌，是對問題肌膚很有效的精油。

角鯊烯身體霜

角鯊烯身體滋養膏

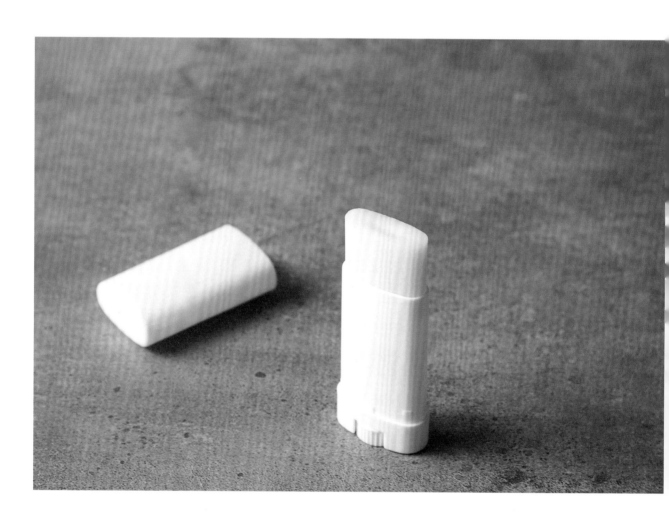

美白潤膚膏

平常不太注意，卻在無意間發現手肘暗沉的部位變得明顯時，一定會感到苦惱吧。混合了各種植物油與精油，做成這款能使膚色明亮的潤膚膏，以荷荷巴油、杏核油與葡萄籽油，有助於保濕肌膚與軟化角質，再加上能有效促進血液循環與修復的檸檬、天竺葵、依蘭依蘭複方精油，打造肌膚明亮的膚色。

難易度 💧💧
膚質 手肘、腳跟
功效 保濕、美白
保存 室溫
保存期限 3～6 個月

材料（30g）

油相層 荷荷巴油 10g
杏核油 7g
葡萄籽油 5g
蜂蠟 4g
小燭樹蠟 3g

添加物 維他命 E 1g

精油 檸檬精油 5 滴
天竺葵精油 5 滴
依蘭依蘭精油 1 滴

工具

玻璃量杯
電子秤
玻璃棒
加熱板
溫度計
香膏扁管（15ml）2 個

作法 | How to Make

① 將玻璃量杯放在電子秤上，依序計量油相層（荷荷巴油、杏核油、葡萄籽油、蜂蠟、小燭樹蠟）的材料。

② 將量杯放在加熱板上，加熱至蜂蠟、小燭樹蠟融化為止。

③ 待蠟完全融化後，將量杯從加熱板上取下，加入添加物（維他命 E）並混合。

④ 當溫度下降至 60℃ 時，加入精油（檸檬、天竺葵、依蘭依蘭），再用玻璃棒拌勻。

⑤ 倒入事先消毒過的容器中，靜置一天待熟成後再使用。

用法 | How to Use

沐浴過後，塗抹於手肘或腳後跟等變暗沉的部位，像按摩一般輕輕搓揉促使肌膚吸收。由於檸檬精油有感光性，請於沒有陽光的夜間使用。

葡萄籽油 對皮膚不具刺激性且單純溫和不黏膩，是常用來做成保養品的材料。含有豐富生育酚維他命 E，有防止細胞老化的效果，能使皮膚柔嫩。此外，皮膚與細胞膜中重要的亞麻酸與必需脂肪酸含量豐富，也常用來當成按摩油使用。

仅乾燥肌膚與肌膚光滑

保濕身體油

難易度 ◗
膚質 乾性、敏感性
功效 保濕、修復
保存 室溫
保存期限 1 ～ 2 個月

想要維持不乾燥的肌慮，不僅春夏要持續地擦保養油，寒冷的冬天更要將保養油和乳霜混合再厚厚地塗上，尤其是陽光依然強烈，但日夜溫差大，很容易突然變乾燥的秋天，更推薦這款富含水分與油分的保濕身體油。

材料（100g）
橄欖油 50g
杏核油 37g
荷荷巴油 10g
維他命 E 3g
真正薰衣草精油 10 滴
玫瑰精油 1 滴

工具
玻璃量杯
電子秤
攪拌刮勺
保養油容器（100ml）

作法 | How to Make

① 將玻璃量杯放在電子秤上，依序倒入量好分量的橄欖油、杏核油、荷荷巴油，並用刮勺拌勻。

② 加入維他命 E 和精油（真正薰衣草、玫瑰），再混合均勻。

③ 倒入事先消毒過的容器中。

用法 | How to Use

沐浴後趁身體還是濕的時候，像按摩一樣輕輕塗抹於全身。這也是能塗抹於臉部的保養油。

橄欖油含有豐富的維他命 E 與不飽和脂肪酸，因此塗在皮膚上能打造潤澤光滑的肌膚，還有助於改善細紋。此外，還能提高肌膚的免疫力與再生力，對於乾性膚質或問題肌膚非常有效。即使是敏感性膚質或孩童使用也不會有副作用，對於老化膚質也很不錯，是用途最廣泛的材料。

→替代材料
杏核油—甜杏仁油
荷荷巴油—小麥胚芽油
維他命 E—天然維他命 E

緊緻身體油

皮膚會因為節食減重或壓力等各種原因而失去彈性，每到這種時候就覺得特別有負擔，因此設計這款可改善肌膚彈性、鬆弛問題的緊實保養油。加入具優秀保濕力的天然油，以及有細胞再生效果的精油做成的緊實精油，請用按摩的方式塗抹於全身。

材料／100g

橄欖油 55g
酪梨油 25g
荷荷巴油 16g
維他命 E 3g
玫瑰草精油 10 滴
天竺葵精油 10 滴

工具

玻璃量杯
電子秤
攪拌刮勺
保養油容器（100ml）

作法｜How to Make

① 將玻璃量杯放在電子秤上，依序倒入量好分量的橄欖油、酪梨油、荷荷巴油，並以刮勺拌勻。

② 加入維他命 E 和精油（玫瑰草、天竺葵），再混合均勻。

③ 倒入事先消毒過的容器中。

用法｜How to Use

沐浴後趁身體還是濕的時候，塗抹薄薄一層於全身。

玫瑰草精油具有促進皮膚細胞再生與調節皮脂分泌的效果，是有助改善萎縮紋或問題肌膚的精油。

天竺葵精油適用於所有肌膚並能促進血液循環，能有效改善肌膚彈性。想要緊實肌膚最基本的保養還是加強保濕，在保濕方面相當有效的橄欖油、酪梨油或荷荷巴油中，加入有助於彈性的精油混合成複方精油來使用。

可替代材料

酪梨油→摩洛哥堅果油
荷荷巴油→小麥胚芽油
維他命 E→天然維他命 E

加入漢方萃取液簡單製成

漢方洗髮精

難易度 🌢🌢

膚質 敏感性、問題性頭皮

功效 預防頭皮屑、落髮

保存 室溫

保存期限 2～3 個月

不使用含有矽、人工色素、防腐劑等刺激性化學成分的洗髮精，選擇不刺激頭皮與髮絲的天然產品，漸漸成為趨勢。加入有效對付落髮的漢方萃取液，以及能使頭皮健康的天然萃取液，所做成的漢方洗髮精能解決各種頭髮困擾。

材料（500g）

水相層 迷迭香萃取液 50g

指甲花萃取液 50g

甘草萃取液 50g

精製水 70g

Glucamate 15g

甘油 20g

界面活性劑

LES 96g

椰油醯胺丙基甜菜鹼 60g

椰油醯基蘋果胺基酸鈉 60g

添加物 絲質胺基酸 20g

維他命原 B5 5g

精油 迷迭香精油 70 滴（3.5g）

依蘭依蘭精油 10 滴

工具

玻璃量杯 1L

電子秤

加熱板

溫度計

攪拌刮勺

洗髮精容器（500ml）

① 將玻璃量杯放在電子秤上，計量水相層（迷迭香萃取液、指甲花萃取液、甘草萃取液、精製水、甘油）材料。

② 計量好能調整黏度的 Glucamate，加入後用刮勺攪拌使其完全溶化。

③ 將量杯放在加熱板上，加熱至 60℃，加熱期間要充分攪拌使黏度均勻。

④ 依序計量 LES、椰油醯胺丙基甜菜鹼、椰油醯基蘋果胺基酸鈉，加入並拌勻。

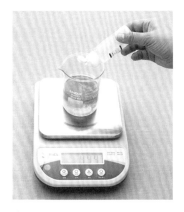

⑤ 依序計量絲質胺基酸、維他命原 B5 與精油（迷迭香、依蘭依蘭），加入後仔細攪拌均勻。

⑥ 倒入事先消毒過的容器中，靜置一天待熟成後再使用。

用法 | How to Use

使用各種萃取液替代漢藥材浸泡液，更為簡單製作。如果喜歡洗髮精有香味的話，推薦 Elastine 洗髮精品牌味道的香精油，但如果頭皮較脆弱或有刺激性反應時，則不要使用為佳。

→替代材料

指甲花萃取液→魚腥草萃取液　Glucamate 15g→聚季銨鹽 3g
甘油 20g→玻尿酸 15g　迷迭香精油→真正薰衣草精油
椰油醯基蘋果胺基酸鈉→橄欖油界面活性劑

香水洗髮精

藍銅胜肽洗髮精

香水洗髮精

根據頭皮的特性選擇萃取液，加入基底洗髮精中混合，就能簡單完成的洗髮精，再加入個人喜好的香精油，還能維持更久的香氣。何首烏萃取液是對落髮很有效的成分，很常使用於天然洗髮精中，由於做法簡單，每次製作適量再使用即可。

材料（200g）

基底洗髮精 400g
何首烏萃取液 80g
矽靈 3g
絲質胺基酸 10g
甘油 5g
Elastine 香精油 40 滴

工具

玻璃量杯 1L
電子秤
攪拌刮勺
洗髮精容器（500ml）

作法｜How to Make

將玻璃量杯放在電子秤上，依序加入除了香精油以外的所有材料。

加入 Elastine 香精油並混合均勻。

倒入事先消毒過的容器中，靜置一天待熟成後再使用。

用法｜How to Use

要製作洗髮精就需要有水相層、油相層，以及加入增稠劑溶化來調整黏度的步驟，但使用基底洗髮精，可以讓做法更簡單。根據頭皮的特性選擇萃取液後，加入基底洗髮精中混合即可，很適合 DIY 天然保養品的初學者來製作。

何首烏能有效防止頭皮與毛髮老化，並有出色的預防落髮功效，還能抑止因過敏而產生的皮膚搔癢症。

指的就是香精油，可用來做成香水、保養品、香皂的香料。Elastine、丁香、薔薇、嬰兒爽身粉等熟悉的香味或各種有名的香水等，請選擇自己喜歡的香味來加入。如果對香味敏感的話，添加量減半即可。

簡單與基底洗髮精混合就能完成

藍銅胜肽洗髮精

難易度 ◑
膚質 敏感性頭皮
功效 促進毛髮生長、預防落髮
保存 室溫
保存期限 2 ～ 3 個月

也許是因為夏季受到酷熱的陽光曝曬，到了秋天就會出現髮絲大量脫落的現象，還有冬天頭皮變得乾燥，也會出現各種狀況。加入能促進毛髮生長並減少落髮的藍銅胜肽（Copper-peptide），以及能養護毛髮、有效預防頭皮屑的迷迭香萃取液，試著做成洗髮精來使用吧。

材料（500g）

基底洗髮精 380g
迷迭香萃取液 76g
藍銅胜肽（Copper-peptide）10g
矽靈 10g
依蘭依蘭精油 10 滴
薄荷精油 50 滴
雪松精油 20 滴

工具

玻璃量杯 1L
電子秤
攪拌刮勺
洗髮精容器（500ml）

作法 | How to Make

① 將玻璃量杯放在電子秤上，依序加入除了精油以外其餘的所有材料，並以攪拌勺拌勻。如果基底洗髮精和萃取液不容易拌勻，靜置 2 ～ 3 小時後，就會自然混合均勻。

② 加入依蘭依蘭、薄荷、雪松精油並混合均勻。

③ 倒入事先消毒過的容器中，靜置一天待熟成後再使用。

藍銅胜肽以其修復皮膚與增加膠原蛋白生成的效果而知名，此外，又能促進毛髮生長並減少落髮，是廣泛用於護髮產品中的材料。

迷迭香萃取液能抑制頭皮屑的產生，並促進毛髮生長，加入洗髮精或潤髮乳中使用，就能感受到其效果。

同時解決頭皮屑困擾與落髮養護

抗落髮洗髮精

因為減肥或壓力而出現落髮困擾的女性越來越多，便加入了能有效對抗落髮的 Espinosilla 萃取液，以及能使頭皮健康有彈性的迷迭香花水，再添加維他命原 B5 與絲質胺基酸，即使不另外使用潤髮乳，也是一款能讓髮絲保持潤澤的洗髮精。

材料（500g）

水相層 迷迭香花水 100g
　　　　 Espinosilla 萃取液 50g
　　　　 精製水 60g
　　　　 甘油 15g
　　　　 Glucamate 12g

界面活性劑
　　　　 LES 127g
　　　　 椰油醯胺丙基甜菜鹼 30g
　　　　 橄欖油界面活性劑 70g

添加物 絲質胺基酸 20g
　　　　 維他命原 B5 7g
　　　　 天然防腐劑（Napre）5g

精油 迷迭香精油 30 滴
　　　 雪松精油 30 滴
　　　 薰衣草精油 20 滴

工具

玻璃量杯 1L
電子秤
攪拌刮勺
加熱板
溫度計
洗髮精容器（500ml）

作法｜How to Make

① 將玻璃量杯放在電子秤上，計量水相層（迷迭香花水、Espinosilla 萃取液、精製水、甘油、Glucamate）的材料。

② 將量杯放在加熱板上，加熱至 60℃ 後，再從加熱板上取下。

③ 待 Glucamate 溶化出現些許黏度後，加入界面活性劑（LES、椰油醯胺丙基甜菜鹼、橄欖油界面活性劑）並仔細拌勻。

④ 當溫度下降至 50℃ 時，確認水相層與界面活性劑是否充分混合，再加入添加物（絲質胺基酸、維他命原 B5、天然防腐劑）與精油（迷迭香、雪松、薰衣草），並混合均勻。

⑤ 倒入事先消毒過的洗髮精容器中，靜置一天待熟成後再使用。

用法｜How to Use

使用這款洗髮精時，要比一般市售的洗髮精沖洗更多次，雖然泡沫比一般的洗髮精來得少，但泡沫量的多寡並不等同於洗淨力。如果想要再綿密一點的質感，可再添加 0.5 ～ 1 克左右的 Glucamate。Glucamate 的特性是洗完頭髮後會覺得有點乾澀，但吹乾後就會變柔順了。

Espinosilla 為高山地帶生長的天然香草，能供給頭皮營養與氧氣，減少頭皮屑產生。由於能緩和脂漏性頭皮的症狀，常被用來加入各種護髮產品中。

維他命原 B5（D-Panthenol）可用來當做保濕劑，亦能促進細胞分裂，有助於恢復頭皮的細胞組織，並同時有鎮靜的效果，是很常用來作為護髮產品的材料。

頭皮精華液

對落髮感到困擾，如果只是換洗髮精仍有些不足，可以製作這款直接噴灑在頭皮上按摩的精華液。除了有能供給頭皮養分並改善落髮的何首烏、Espinosilla 及迷迭香精油，還加入了有鎮靜皮膚效果的蘆薈膠與蘆薈水，頭皮健康再也不是問題。

材料（100g）

精製水 12g

蘆薈水 20g

水性摩洛哥堅果油 10g

何首烏萃取液 10g

Espinosilla 萃取液 10g

蘆薈膠 25g

絲質胺基酸 10g

玻尿酸 2g

天然防腐劑（Napre） 1g

迷迭香精油 10 滴

天竺葵精油 5 滴

工具

玻璃量杯 1L

電子秤

藥匙

溫度計

精華液容器（100ml）

作法 │ How to Make

① 將玻璃量杯放在電子秤上，計量並加入精製水與蘆薈水。

② 依序加入何首烏萃取液、Espinosilla 萃取液、蘆薈膠、絲質胺基酸、玻尿酸、天然防腐劑，一邊攪拌均勻。

③ 加入水性摩洛哥堅果油混合均勻。

④ 滴入精油（迷迭香、天竺葵）並一邊拌勻後，倒入事先消毒過的容器中。

用法 │ How to Use

洗髮後趁頭髮還是濕的時候，將精華液均勻噴灑在頭皮上，用指尖一邊輕輕按壓來進行按摩，等精華液充分滲入頭皮後，再用吹風機將頭髮吹乾。

抗落髮洗髮精

頭皮精華液

中性低泡沫洗髮精

基礎低泡沫洗髮精

134

基礎低泡沫洗髮精

許多人擔心化學成分會刺激頭皮，而以蘇打粉加水製成無泡沫洗髮（No Poo），或是選擇不添加矽或防腐劑的低泡沫洗髮精（Low Poo）。這一款不添加人工界面活性劑且低刺激的低泡沫洗髮精，可根據頭皮的狀況選擇材料，並且記得要充分地清洗乾淨。

難易度 💧💧

敏感頭皮、幼兒

低刺激洗淨、保濕

室溫

2～3 個月

材料（250g）

水相層 精製水 78g

積雪草萃取液 12g

金盞花萃取液 10g

Glucamate 9g

精胺酸 1g

界面活性劑

橄欖油界面活性劑 60g

椰油醯胺丙基甜菜鹼 15g

椰油醯基蘋果胺基酸鈉 30g

添加物 絲質胺基酸 10g

Akomarin Gum 10g（由阿拉伯膠製成的親水性增稠劑）

甘油 12g

天然防腐劑（Napre）2g

精油 甜橙精油 15 滴

真正薰衣草精油 10 滴

工具

玻璃量杯

電子秤

攪拌刮勺

加熱板

溫度計

洗髮精容器（300ml）

作法 | How to Make

1. 將玻璃量杯放在電子秤上，計量水相層（精製水、積雪草萃取液、金盞花萃取液、Glucamate、精胺酸）的材料。

2. 將量杯放在加熱板上，加熱至 60℃ 後，確認 Glucamate 與精胺酸是否完全溶化。

3. 計量並加入界面活性劑（橄欖油界面活性劑、椰油醯胺丙基甜菜鹼、椰油醯基蘋果胺基酸鈉），用刮勺仔細拌勻。

4. 待水相層與界面活性劑充分混合，以及溫度下降至 50℃ 時，再加入添加物（絲質胺基酸、Akomarin Gum、甘油、天然防腐劑）與精油（甜橙、真正薰衣草），並混合均勻。

5. 倒入事先消毒過的洗髮精容器中，靜置一天待熟成後再使用。

用法 | How to Use

將頭髮打濕後，把洗髮精均勻塗抹在頭皮上，搓揉至出現泡沫再洗淨。如果頭皮比較脆弱或有發炎情況，建議避免使用為佳，並要小心避免洗髮精進入眼睛。

積雪草萃取液是從又名老虎草的積雪草中萃取出的材料，或許是因為看見受傷的老虎會在積雪草上打滾，才發現積雪草有修復傷口的作用吧。積雪草能使傷口癒合，並有治療各種皮膚病的效果。積雪草萃取液有消炎、鎮靜、調節皮脂、抗炎、抗菌等功效，還能預防乾燥使肌膚柔嫩平滑。

→ 替代材料

積雪草萃取液—金盞花萃取液 ｜ 椰油醯基蘋果胺基酸鈉—橄欖油界面活性劑
絲質胺基酸—維他命原 B5 ｜ 甜橙精油—真正薰衣草精油 ｜ 薰衣草精油—天竺葵精油

高damaging清爽的乳霜狀低泡沫洗髮精

中性低泡沫洗髮精

刺激度 ◆◆◆
膚質 乾性、落髮頭皮
功效 預防落髮、強化頭皮
保存 室溫
保存期限 2 ～ 3 個月

低泡沫洗髮精的特色就是不添加會刺激皮膚的人工界面活性劑，雖然會添加 LES 來提高洗淨力，但如果頭皮的狀況較多時，建議加入幾乎無刺激性的橄欖油界面活性劑較佳。經過乳化的步驟製成的乳霜狀洗髮精，泡沫雖少但洗淨力卻很不錯。

材料（250g）

水相層 精製水 61g
迷迭香萃取液 10g
迷迭香花水 45g
Glucamate 6g

油相層 椰子油 5g
棕櫚油 5g
山茶花油 5g
橄欖乳化蠟 2.5g
GMS 乳化劑 1.5g

界面活性劑
橄欖油界面活性劑 48g
椰油醯胺丙基甜菜鹼 20g
椰油醯基蘋果胺基酸鈉 10g

添加物 絲質胺基酸 10g
橄欖液 5g
甘油 10g
天然防腐劑（Napre）2g
維他命 E 2g

精油 迷迭香精油 25 滴
真正薰衣草精油 15 滴
雪松精油 10 滴

工具

玻璃量杯 2 個
電子秤
攪拌刮勺
加熱板
溫度計
迷你手持攪拌機
洗髮精容器（300ml）

作法 | How to Make

① 將玻璃量杯放在電子秤上，計量水相層（精製水、迷迭香萃取液、迷迭香花水、Glucamate）的材料。

② 用另一個玻璃量杯計量油相層（椰子油、棕櫚油、山茶花油、橄欖乳化蠟、GMS 乳化劑）的材料。

③ 將 2 個玻璃量杯放在加熱板上，加熱至 70 ～ 75℃。

④ 將油相層的量杯慢慢倒入水相層的量杯中，並用刮勺拌勻，再用迷你手持攪拌機迅速攪拌一次，使乳化更穩定。

⑤ 開始出現黏度時，再依序加入界面活性劑（橄欖油界面活性劑、椰油醯胺丙基甜菜鹼、椰油醯基蘋果胺基酸鈉），並混合均勻。

⑥ 依序加入添加物（絲質胺基酸、橄欖液、甘油、天然防腐劑、維他命 E）與精油（迷迭香、真正薰衣草、雪松），用刮勺拌勻。

⑦ 倒入事先消毒過的容器中，靜置一天待熟成後再使用。

用法 | How to Use

將頭髮打濕後，把洗髮精均勻塗抹在頭皮上，搓揉至出現泡沫再洗淨。如果頭皮比較脆弱或發炎時，建議避免使用為佳，並要小心避免洗髮精進入眼睛。

椰子油可以補足天然界面活性劑洗淨力與泡沫稍嫌不足的缺點，含有月桂酸的椰子油，能使泡沫豐富並有優秀的洗淨力，還可去除留在頭皮上的老廢物質與殘留物，給予清爽舒暢的感受。椰子油在室溫下雖然是固體的形態，但接觸體溫後很容易融化，常用來做身體按摩油。

替代材料

迷迭香萃取液→指甲花萃取液 ｜ 迷迭香花水→薰衣草花水 ｜
Glucamate 6g →聚季銨鹽 1g ｜ 絲質胺基酸→維他命原 B5 ｜ 甘油→玻尿酸

製作洗髮精的配方時，最重要的一點就是利用離子性界面活性劑。在陰離子性界面活性劑、陽離子性界面活性劑、兩性離子性界面活性劑等三種界面活性劑中，加入機能性添加物、精油，就能簡單地完成洗髮精。由於界面活性劑的種類、比率、增稠劑等的不同，使用起來的感覺也有所差異，請慎重地選擇。

水相層

基本基底的水相層由各種萃取液、機能性添加物、增稠劑等所構成，占洗髮精的比率為35～50%，根據界面活性劑的黏度來調整添加即可。計量水相層時，由於精製水與萃取液的比率沒有固定，除了精製水之外，也可以只用萃取液來構成水相層。能加入洗髮精的萃取液種類有很多，先確認頭髮的狀態，再依想要的功效來搭配即可。

材料名稱	添加量
精製水、萃取液	40～50%
甘油	2～3%
聚季銨鹽	水相層的 1%

界面活性劑

為了一定的洗淨力，使用30～45%的陰離子性界面活性劑，較能減少刺激；泡沫較為穩定的兩性離子性界面活性劑，用量則是5～10%即可；能增稠與護髮的陽離子性界面活性劑，粉末類的添加量為1%以下，液體類添加量則是10%以下。
聚季銨鹽由於是粉末狀的陽離子性界面活性劑，要加入水相層一起計量，並完全拌開。

材料名稱	添加量	特徵
LES／CDE 椰油醯胺丙基甜菜鹼	40～60%	橄欖油界面活性劑／CDA

添加物

添加物不要超過總量的15%為佳，由於添加物的種類有很多，選擇不同添加物，洗髮精的效能及效果就會不一樣，與其加入好幾種類別，不如先決定一種功能，再選擇添加物，會來得更有效果。加入洗髮精的添加物有頭皮保濕、柔軟髮絲、潤澤等，許多有護髮功效的機能性添加物。

材料名稱	添加量
絲蛋胺基酸	5～15%
保濕劑	
矽靈	

指甲花發酵醋潤絲精

玫瑰發酵醋潤絲精

簡單混合就能完成的發酵醋潤絲

玫瑰發酵醋潤絲精

資料型

適用 所有髮質（敏感性除外）

功效 護髮、供給養分

保存 室溫

保存期限 2～3 個月

發酵醋潤絲是「用食用醋做成的頭髮用潤絲精」，因使用洗髮精變成鹼性的頭髮，發酵醋潤絲能使其 pH 值正常化，並打造出柔順潤澤的髮絲。請試做看看這款簡單就能完成的液狀發酵醋潤絲精。

材料（100g）

食用醋 5g

精製水 54g

薔薇萃取液 20g

椰油醯胺丙基甜菜鹼 10g

甘油 2g

絲質胺基酸 5g

植物性胎盤素 2g

水溶性甘油色素（紅色）1 滴

橄欖液 1g

玫瑰香精油 1g

工具

玻璃量杯

電子秤

攪拌刮勺

洗髮精容器（100ml）

作法 | How to Make

1. 將玻璃量杯放在電子秤上，計量並加入橄欖液與玫瑰香精油。

2. 加入食用醋、精製水、薔薇萃取液，並用攪拌勺拌勻。

3. 依序加入椰油醯胺丙基甜菜鹼、甘油、絲質胺基酸、植物性胎盤素、水溶性甘油色素，用刮勺混合均勻。

4. 倒入事先消毒過的容器中，靜置一天待熟成後再使用。

用法 | How to Use

洗髮過後，頭髮會變成鹼性，使用加入酸性發酵醋（食用醋）以及能調整酸度的檸檬酸做成的發酵醋潤絲精，即使不添加界面活性劑，也同樣有護髮效果。洗完頭髮後，在最後漂洗的水中，按壓出 3 ～ 4 次的潤絲精並混合，將頭髮漂洗幾次即可。注意不要讓發酵醋潤絲精進入眼睛。

食用醋 使用一般家中常見的食用醋即可。

最簡單的液狀發酵醋潤絲精（100g） 依序加入精製水 82g、食用醋 5g、甘油 3g、絲質胺基酸 5g、植物性胎盤素 2g、檸檬酸 3g，並一邊拌勻，待檸檬酸溶化即可。

加入指甲花萃取液打造健康髮絲

指甲花發酵醋潤絲精

加入以護髮與染色效果聞名的指甲花萃取液，所做成的潤絲精。由於是液狀的潤絲精，特別推薦給初次使用發酵醋潤絲精的人，不但做法簡單，洗髮過後均勻沾濕於頭皮與髮絲上，輕輕按摩後再洗淨即可。尤其是使用低刺激的低泡沫洗髮精後，還能幫助清除留在頭皮上的殘留物。

材料（100g）

精製水 56g
食用醋 5g
迷迭香萃取液 10g
指甲花萃取液 10g
椰油醯胺丙基甜菜鹼 5g
甘油 2g
絲質胺基酸 5g
植物性胎盤素 2g
檸檬酸 3g
橄欖液 1g
Elastine 香精油 1g

工具

玻璃量杯
電子秤
攪拌刮勺
精華液容器（100ml）

作法 | How to Make

① 將玻璃量杯放在電子秤上，計量並加入橄欖液、Elastine 香精油。

② 加入精製水、食用醋，並用刮勺拌勻。

③ 序加入迷迭香萃取液、指甲花萃取液、椰油醯胺丙基甜菜鹼、甘油、絲質胺基酸、植物性胎盤素、檸檬酸，並持續混合均勻。

④ 確認檸檬酸是否完全溶化。

⑤ 倒入事先消毒過的容器，靜置一天待熟成後再使用。

用法 | How to Use

洗髮過後，在最後漂洗的水中，按壓出 3 ～ 4 次的潤絲精並混合，將頭髮漂洗幾次即可。注意不要讓發酵醋潤絲精進入眼睛。

指甲花萃取液，自古就開始用於紋身或化妝，是無刺激、無毒的天然材料，還有保護指緣的效果，能使受損的頭髮有光澤，並且柔順不毛躁。如果對於細軟髮質感到困擾，特別推薦能使髮質強健豐盈的指甲花萃取液。

絲質胺基酸不會刺激皮膚，並能維持肌膚彈性和健康，為一種從蠶繭中萃取出的胺基酸，能給予絲一般的柔軟觸感，常活用在各種產品中。

乾性髮質專用的發酵醋潤絲精（100g）將水相層（精製水 42g、食用醋 5g、迷香萃取液 10g、指甲花萃取液 10g）、油相層（山茶花油 5g、摩洛哥堅果油 5g、蓖麻子油 3g、橄欖乳化蠟 3.2g、GMS 乳化劑 1.8g）、添加物（椰油醯基蘋果胺基酸鈉 5g、甘油 2g、絲質胺基酸 5g、植物性胎盤素 2g、Elastine 香精油 1g）混合來製作。

山茶花滋潤並提供髮絲養分

山茶花潤髮乳

難易度	⬤⬤⬤
膚質	所有髮質
功效	護髮、供給養分
保存	室溫
庫存期限	2 ～ 3 個月

如同烏雲一般豐盈潤澤的黑髮，從古至今都被視為美人的象徵，因此有不少女性會用山茶花油來保養髮絲。另一個和山茶花油一樣，長久受到喜愛的材料就是菖蒲，同時加入能潤澤髮絲的菖蒲，就是能使髮質柔軟滑順的潤髮乳。

材料（100g）

水相層 精製水 40g
菖蒲萃取液 5g
甘油 5g
檸檬酸 3g

油相層 山茶花油 10g
葵花籽油 5g
橄欖乳化蠟 2.5g
GMS 乳化劑 1.5g

添加物 矽靈 12g
玻尿酸 5g
絲質胺基酸 5g
維他命原 B5 5g

精油 依蘭依蘭精油 5 滴
真正薰衣草精油 15 滴

工具

玻璃量杯 2 個
電子秤
攪拌刮勺
加熱板
溫度計
迷你手持攪拌機
精華液容器（100ml）

作法 | How to Make

① 將玻璃量杯放在電子秤上，計量水相層（精製水、菖蒲萃取液、甘油、檸檬酸）的材料。

② 用另一個玻璃量杯計量油相層（山茶花油、葵花籽油、橄欖乳化蠟、GMS 乳化劑）的材料。

③ 將 2 個玻璃量杯放在加熱板上，加熱至 70 ～ 75℃。

④ 將油相層的量杯慢慢倒入水相層的量杯中，並用迷你手持攪拌機混合均勻。

⑤ 持續用迷你手持攪拌機攪拌，直到溫度下降至 50℃ 為止。

⑥ 加入添加物（矽靈、玻尿酸、絲質胺基酸、維他命原 B5），並用刮勺拌勻。

⑦ 滴入精油（依蘭依蘭、真正薰衣草），倒入事先消毒過的容器中。

用法 | How to Use

能提供養分給粗糙的頭髮使其柔軟，並使乾燥的髮絲不凌亂且柔順的潤髮乳。洗髮過後，按壓出適量塗抹於頭髮整體，再洗淨即可。

菖蒲萃取液能供給頭髮養分使其潤澤，還是能讓頭髮帶有隱隱香氣的香料。可以增加髮量、促進毛髮生長，對頭皮沒有副作用並能使毛髮健康。

為了有滑順效果，矽靈是常加入洗髮精或潤絲精中的材料，還具有保濕的功效。

能提供養分與保濕的簡單版護髮精華

山茶花護髮素

山茶花油能供給粗糙乾燥的頭髮養分與水分，打造潤澤的髮絲；摩洛哥堅果油則是有高含量的維他命 E，以及豐富的保濕力與養分，更是養護頭髮時不可或缺的材料。再加上是簡單混合就能完成的護髮精華，可以經常製作使用。趁頭髮還是濕的狀態時，稍微擦在髮尾即可。

材料（50g）

橄欖油酸乙基己酯 30g
山茶花油 12g
摩洛哥堅果油 5g
維他命 E 1g
神經醯胺（油相用）2g
依蘭依蘭精油 5 滴
天竺葵精油 5 滴

工具

玻璃量杯
電子秤
攪拌刮勺
容器（50ml）

作法 | How to Make

① 將玻璃量杯放在電子秤上，依序計量並加入橄欖油酸乙基己酯、山茶花油、摩洛哥堅果油、維他命 E 與神經醯胺。

② 用刮勺拌勻。

③ 加入依蘭依蘭、天竺葵精油並混合均勻，倒入事先消毒過的容器中。

用法 | How to Use

洗髮過後，趁頭髮還是濕的狀態時，擦在髮尾，如果擦到頭皮可能會有油膩感並覺得黏稠，建議稍微擦在髮尾即可。不用外出的假日，還可以用山茶花護髮素來做髮膜，厚厚地塗抹於頭髮整體，再用保鮮膜包覆起來，待 2 ～ 3 小時後洗淨，就能感受到營養供給與保濕的效果。

山茶花油含有能抗氧化的油酸，使用起來觸感柔順，常用來做成按摩油。有出色保濕力，能改善乾性膚質出現的狀況，也很常用作保養品的材料。

舒緩沐浴鹽

適用 所有膚質
功效 去除老廢物質、鎮靜
室溫
保存期限 2 ～ 3 個月

為了紓解一天的疲勞並將壓力拋在腦後，有不少人會選擇享受泡澡或足浴，在浴缸或足浴盆中裝滿熱水，再撒入舒緩浴鹽，享受放鬆的時光吧。清新的薰衣草香氣能舒解壓力，晶鹽中的礦物質滲入皮膚的同時，就如同泡了溫泉一樣舒適。和家人一起使用也很不錯。

晶鹽 90g
薰衣草香入浴劑 10g
真正薰衣草精油 5 滴
葡萄柚精油 5 滴
酒精 少許

寬口不鏽鋼碗
玻璃量杯
電子秤
攪拌刮勺
噴瓶（酒精用）
密封容器（100ml）

1　將寬口不鏽鋼碗放在電子秤上，計量晶鹽的分量。

2　加入薰衣草香入浴劑與精油（真正薰衣草、葡萄柚）。

3　用刮勺輕輕攪拌，同時稍微噴灑酒精。

4　上下翻動 1 分鐘左右，使酒精完全揮發。

5　待 3 小時過後，裝入容器中，並靜置一周待熟成後再使用。

入浴劑對於敏感性或乾性肌膚特別有效。噴灑酒精使晶鹽稍微融化，就能讓入浴劑附著上去，但如果噴灑太多酒精，晶鹽可能會完全溶解，因此要慢慢一點一點地噴灑。如果暴露在潮濕的環境下，晶鹽可能會因此結塊變硬，建議裝入密封容器中保存為佳。在裝滿熱水的浴缸中，撒入適量的浴鹽來使用，泡完澡後，用水稍微簡單沖洗，或是直接用毛巾將水分擦乾即可。

晶鹽含有礦物質，還有去除老廢物質的效果。由於全身都能吸收礦物質，沐浴時不要忘記加入浴鹽。

松葉香氣與礦物質的排毒效果

排毒足浴鹽

給悶在鞋子中一整天、受盡折磨的雙腳專用的足浴鹽。加入散發清爽且清涼香氣的松葉香入浴劑，讓心情就像來到森林中一般，含有豐富礦物質的晶鹽能讓雙腳光滑細嫩。忙碌的一天過後，在熱水中加入浴鹽，做足浴的同時還能享受無比的放鬆。

材料（100g）

晶鹽 95g

松葉香入浴劑 5g

茶樹精油 5 滴

茴香精油 5 滴

酒精 少許

工具

寬口不鏽鋼碗

玻璃量杯

電子秤

攪拌刮勺

噴瓶（酒精用）

密封容器（100ml）

作法 | How to Make

① 將寬口不鏽鋼碗放在電子秤上，計量晶鹽的分量。

② 加入松葉草香入浴劑與精油（茶樹、茴香）。

③ 用刮勺輕輕攪拌，同時稍微噴灑酒精。

④ 上下翻動 1 分鐘左右，使酒精完全揮發。

⑤ 待 3 小時過後，裝入容器中，並靜置一周待熟成後再使用。

用法 | How to Use

如果暴露在潮濕的環境下，晶鹽可能會因此結塊變硬，建議裝入密封容器中保存為佳。在裝滿熱水的浴缸中，撒入適量的浴鹽來使用，泡完足浴後，用水稍微簡單沖洗，或是直接用毛巾將水分擦乾即可。

晶鹽又有「王之鹽」的稱號，由於是不含雜質的純粹鹽，過去只有國王等尊貴身分的人才能擁有。因為含有大量礦物質，能享用到與溫泉浴相同的效果。喜馬拉雅的鹽礦山所生產的鹽有晶鹽、岩鹽兩種。

孩童舒眠專用沐浴劑（300g）小蘇打 140g、檸檬酸 60g、玉米澱粉 70g、Atofree Powder3g、薰衣草入浴劑 6g、甘油 6g、椰油醯胺丙基甜菜鹼 5g、荷荷巴油 5g、甜橙精油 10 滴。
在寬口不鏽鋼碗中，計量並放入小蘇打、檸檬酸、玉米澱粉，混合後加入其餘的材料，用刮勺攪拌。拌勻後過篩使顆粒粗細一致，裝入消毒過的容器中，熟成一天後再使用即可。如果沒有篩子，請用手將小顆粒壓碎。由於不耐濕氣，先用保鮮膜包好，再裝入密閉容器中較佳。

排毒足浴鹽☒☒

舒緩沐浴鹽

能感受清爽的檸檬香氣

檸檬芳香噴霧

難易度	◊
膚質	多汗且體味重
功效	除臭、抗菌
保存	室溫
保存期限	2～3 個月

當夏季來臨時，就會對身體發出的汗味特別敏感，尤其腋下的汗味更是特別明顯，從汗腺中排出的汗水，使皮膚的角質層變軟並滋生細菌後，就會產生味道。

將精油中能有效去除汗味的檸檬、茶樹、檸檬香茅等加以混合，就是同時有殺菌、消毒、除臭效果，又能感受到清爽香氣的芳香劑。

材料（100g）

薰衣草花水 50g

酒精 48g

橄欖液 1g

檸檬精油 10 滴

茶樹精油 7 滴

檸檬香茅精油 3 滴

工具

玻璃量杯

電子秤

攪拌刮勺

噴瓶（100ml）

作法 | How to Make

① 將玻璃量杯放在電子秤上，計量並加入橄欖液與精油（檸檬、茶樹、檸檬香茅），並用刮勺拌勻。

② 計量並加入薰衣草花水、酒精，用刮勺混合。

③ 裝入事先消毒過的噴瓶中。

用法 | How to Use

裝入噴瓶中，再噴灑於出汗多的腋下等部位即可。

檸檬精油帶有清爽強烈的香氣，具有防腐、收斂、殺菌、殺蟲等功效。

茶樹精油以其抗菌性與抗真菌性而知名，對於細菌、病毒、黴菌有高抗微生物活性，常用來治療青春痘。由於有清涼的效果，噴灑芳香劑時，肌膚還會有清涼的感受。

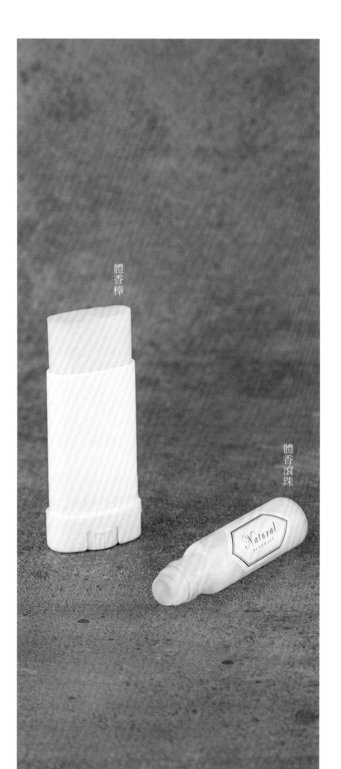

體香棒

體香滾珠

使用起來溫和舒適的滾珠型體香劑

體香滾珠

使用起來比體香棒更溫和舒適的滾珠型產品，帶有清涼舒暢香氣的茶樹精油，直接碰觸皮膚也很安全，特別的是還有很強的殺菌力。加入有除臭效果的檸檬香茅精油，以及能保濕肌膚的蘆薈膠，就是將刺激減到最低的體香劑。

難易度 💧
膚質 所有膚質
功效 殺菌、消毒、制汗
保存 室溫
保存期限 2～3 個月

29. DEODORANT

便於攜帶的膏狀體香劑

體香棒

到了炎熱的夏天難免會流汗，為了避免產生令人不舒服的味道，自己要謹慎注意才算是基本禮貌，因此便做了這款能隨身攜帶的膏狀體香棒。加入有清爽香氣的茶樹、具殺菌效果的花梨木，以及能除臭的檸檬香茅精油，做成體香棒放在化妝包中隨時備用吧。

難易度 💧💧
膚質 多汗且體味重
功效 除臭、抗菌
保存 室溫
保存期限 3～6 個月

蘆薈膠 25g

酒精 24g

玉米澱粉 1g

檸檬精油 5 滴

茶樹精油 3 滴

檸檬香茅精油 2 滴

工具

玻璃量杯

電子秤

攪拌刮勺

滾珠瓶（10ml）5 個

作法｜How to Make

將玻璃量杯放在電子秤上，計量並放入蘆薈膠與酒精。

用刮勺攪拌，直到蘆薈膠完全散開為止。

加入玉米澱粉並攪拌均勻。

滴入精油（檸檬、茶樹、檸檬香茅）並拌勻。

裝入事先消毒過的滾珠瓶中，並靜置一天待熟成後再使用。

用法｜How to Use

輕輕塗抹於出汗較多的腋下部位。由於精油可能會造成刺激，請注意要避免塗抹於肌膚較敏感脆弱之處。

玉米澱粉（corn starch）是常用於嬰兒爽身粉、沐浴球、牙膏等的材料，加入芳香劑中能吸收汗水並去除異味。

材料（50g）

橄欖油酸乙基己酯 28g

杏核油 10g

蜂蠟 12g

檸檬精油 4 滴

茶樹精油 3 滴

花梨木精油 2 滴

檸檬香茅精油 1 滴

工具

玻璃量杯

電子秤

加熱板

玻璃棒

香膏扁管（15ml）3 個

作法｜How to Make

將玻璃量杯放在電子秤上，計量並放入橄欖油酸乙基己酯、杏核油與蜂蠟。

將量杯放在加熱板上，加熱至蜂蠟還剩 5 ～ 6 顆左右時，關掉電源，利用餘熱使其融化。

當溫度下降至 55℃ 時，加入精油（檸檬、茶樹、花梨木、檸檬香茅），再用玻璃棒拌勻。

裝入事先消毒過的容器中，並靜置一天待熟成後再使用。

用法｜How to Use

由於體香棒會直接接觸皮膚，使用前一定要先做斑貼試驗。斑貼試驗為一種診斷接觸性皮膚炎的方法，將體香棒塗在手腕等皮膚內側，經過 48 小時後，再觀察皮膚出現的變化。塗抹於出汗較多的腋下部位即可，並注意要避免塗抹於肌膚較敏感脆弱之處。

花梨木精油同時具有香甜的木質香氣與辛辣香味，由於有益於殺菌作用，對於治療青春痘、皮膚炎、受損肌膚很有效。

檸檬香茅精油帶有清新的草香、香草香與柑橘類的香氣，是有鎮痛、抗微生物、收斂、殺菌、除臭、解熱等治療作用的精油。

PART 4

給親愛家人的天然配方
FAMILY CARE

一旦熟悉天然保養品的做法後，
便會開始對家人專用的保養品產生興趣。
無論是有過敏症狀或敏感性肌膚的孩子、
喜歡一邊淋浴一邊洗去一天疲憊的丈夫、
以及因為青春痘感到苦惱的青春期子女，
仔細選擇對皮膚有益的材料，再加入對家人的愛，
就完成了適合個人膚質的保養品。

就完成了適合個人膚質的保養品。
再加入對家人的關心與愛的心意，
仔細選擇對皮膚有益的材料，

嬰兒全能沐浴露

嬰兒按摩油

單純溫和・適合嬰兒使用

嬰兒全能沐浴露

難易度 ●●
膚質 幼兒、敏感性
功效 清潔、保濕
保存 室溫
保存期限 2 ～ 3 個月

只加入洋甘菊、薰衣草等單純無刺激的材料，也能用來當成嬰兒或幼童的沐浴劑。豐富的洗淨力加上單純溫和，使用後無需另外使用洗髮精和香皂，像按摩一般從頭到腳輕輕地塗抹於全身，再用水清洗乾淨即可。

材料（250g）

水相層 德國藍母菊花水 150g
　　　　 Glucamate 5g
界面活性劑
　　　　 橄欖油界面活性劑 45g
　　　　 椰油醯基蘋果胺基酸鈉 30g
　　　　 CDE 4g
添加物 玻尿酸 8g
　　　　 絲質胺基酸 7g
精油 真正薰衣草精油 10 滴
　　　　 甜橙精油 10 滴

工具

玻璃量杯
電子秤
攪拌刮勺
加熱板
溫度計
迷你手持攪拌機
洗髮精容器（300ml）

作法 | How to Make

① 將玻璃量杯放在電子秤上，先計量水相層（德國藍母菊花水、Glucamate）的材料，再放在加熱板上加熱。

② 加熱至 60℃，使 Glucamate 溶化並出現黏度。

③ 依序計量並加入橄欖油界面活性劑、椰油醯基蘋果胺基酸鈉、CDE，一邊用攪拌勺拌勻。

④ 加入玻尿酸、絲質胺基酸與精油（真正薰衣草、甜橙）並混合均勻。

⑤ 倒入事先消毒過的容器中，靜置一天待熟成後再使用。

用法 | How to Use

按壓 2 ～ 3 次至沐浴用海綿上，充分打出泡沫後，輕輕地塗抹在孩子的全身，如同按摩一般搓揉之後，再用水洗淨即可。

德國藍母菊花水是針對乾性皮膚或搔癢症狀很有效的花水，也很適合發炎或敏感性肌膚使用，加上有鎮靜身心的作用，也能幫助睡眠。最重要的是刺激性小，連孩子也能安心使用。

椰油醯基蘋果胺基酸鈉又稱為「蘋果界面活性劑」，是將從蘋果汁中萃取出的必需胺基酸醯化後製成。觸感柔和且能形成豐富的泡沫，很常用來做成洗潔劑的材料。由於完全不會刺激皮膚，孩童的肌膚也能安心使用。

用柔和的植物油製成，能迅速吸收

嬰兒按摩油

難易度 ⬤

膚質 幼兒、敏感性

功效 保濕、鎮靜

保存 室溫

保存期限 2 ～ 3 個月

有助於保濕並能鎮靜嬰兒肌膚的單純嬰兒油。沐浴過後趁身體還是濕的狀態時，塗抹於全身並進行按摩。將芳香療法活用於嬰兒按摩上，有助於孩子的成長與身體的發育，試著製作這款單純溫和並能潤澤滲透，使孩子肌膚柔嫩的按摩油吧。

材料（100g）

荷荷巴油 50g

橄欖油 48g

維他命 E 2g

真正薰衣草精油 2 滴

工具

玻璃量杯

電子秤

攪拌刮勺

容器（120ml）

作法 | How to Make

① 將玻璃量杯放在電子秤上，計量並加入荷荷巴油與橄欖油。

② 加入維他命 E 混合均勻後，滴入真正薰衣草精油拌勻。

③ 倒入事先消毒過的容器中，輕輕用手掌包覆，再一邊滾動一邊混合。

用法 | How to Use

因為是給孩子使用的身體保養油，組成以單純容易吸收的植物油為主。輕輕塗抹於全身並按摩，不會覺得黏膩並能迅速吸收。如果再將嬰兒乳液與嬰兒油以 1：1 的比例混合後塗抹，保濕力會更好。如要給未滿週歲的嬰兒使用，則不要加入精油。油類保養品建議裝入棕瓶中保存為佳。

荷荷巴油和人體的皮脂構造非常類似，為無刺激且不會造成過敏的植物油。使用起來清爽不厚重，塗抹後無需再擦拭很快就能吸收。

→替代材料

荷荷巴油→杏核油

橄欖油→甜杏仁油

維他命 E →天然維他命 E

嬰兒保濕乳液

難易度	💧
膚質	乾性
功效	保濕、鎮靜
保存	室溫
保存期限	1 ～ 2 個月
rHLB	6.75

以一顆為了寶貝孩子著想的心意來挑選,並加入滿滿的天然植物油與油脂。加入能保濕的乳油木果脂、嬰兒皂中也很常使用的酪梨油,以及適合所有膚質的荷荷巴油,就能感受其持續性的保濕效果。

材料(100g)

水相層 精製水 52g

薰衣草花水 25g

甘油 3g

油相層 乳油木果脂 2g

酪梨油 5g

有機荷荷巴油 5g

橄欖乳化蠟 2.3g

GMS 乳化劑 1.7g

添加物 葡萄柚籽萃取液 2g

Moist 24(白茅草萃取)3g

精油 真正薰衣草精油 1 ～ 2 滴

工具

玻璃量杯 2 個

電子秤

攪拌刮勺

加熱板

溫度計

迷你手持攪拌機

容器(120ml)

作法|How to Make

① 將玻璃量杯放在電子秤上,依序計量水相層(精製水、薰衣草花水、甘油)的材料。

② 將量杯放在加熱板上,加熱至 70 ～ 75℃。

③ 將另一個玻璃量杯放在電子秤上,計量油相層(乳油木果脂、酪梨油、有機荷荷巴油、橄欖乳化蠟、GMS 乳化劑)的材料。

④ 將量杯放在加熱板上,加熱至 70 ～ 75℃,中途要不時攪拌,使乳化蠟更快融化。

⑤ 將 2 個量杯的溫度調節至 70 ～ 75℃。

⑥ 將油相層的量杯慢慢倒入水相層的量杯中,並用迷你手持攪拌機進行混合。如果用攪拌勺的話,會使乳化散開,乳液黏度就會變稀。

⑦ 當溫度下降至 50 ～ 55℃,出現些許黏度時,依序加入添加物(葡萄柚籽萃取液、Moist 24)與真正薰衣草精油,一邊用攪拌勺拌勻。

⑧ 待溫度下降至 40 ～ 45℃時,倒入事先消毒過的容器中。

乳油木果脂為採取自乳油木果實的油脂,能供給粗糙乾燥的肌膚水分,對於修復傷口有出色的效果。在很久以前,非洲就拿來作為民間的治療劑使用。

酪梨油為採取自酪梨果實的淡綠色油脂,含有維他命 A、D、E,具有修復皮膚與治療肌膚問題的功效。能做出滋潤且溫和的手工皂,是常用來做成嬰兒皂的材料。

→替代材料

精製水→薰衣草花水 | 甘油→玻尿酸 | 乳油木果脂→蘆薈脂
酪梨油→荷荷巴油、橄欖油 | 有機荷荷巴油→純橄欖油
葡萄柚籽萃取液→維他命 E

有抑制痱子與鎮靜問題肌膚的功效

嬰兒痱子噴霧

難易度 ●○○
膚質 幼兒
功效 鎮靜、預防痱子
保存 室溫
保存期限 1 ～ 2 個月

嬰兒汗腺的密度比起成人要來得高,因流了很多汗使肌膚變得脆弱,就很容易長痱子,加入有鎮靜肌膚與抗炎效果的甘草與尿囊素的痱子噴霧,能抑制痱子並有助於鎮靜問題肌膚。

材料（100g）

扁柏花水 40g

洋甘菊花水 50g

酒精 3g

甘草萃取液 5g

尿囊素 1g

天然防腐劑（Napre）1g

真正薰衣草精油 3 滴

薄荷精油 1 滴

工具

玻璃量杯

電子秤

攪拌刮勺

噴瓶（120ml）

作法 | How to Make

① 將玻璃量杯放在電子秤上,計量並加入酒精與精油（真正薰衣草、薄荷）,再用刮勺拌勻。

② 計量並加入扁柏花水、洋甘菊花水、甘草萃取液,並混合均勻。

③ 加入尿囊素,用刮勺仔細拌勻使其完全溶化。

④ 加入天然防腐劑混合均勻後,裝入事先消毒過的噴瓶中。

用法 | How to Use

噴灑於脖子、手臂、腿等皮膚皺摺的部位,或是出汗較多的地方。

扁柏花水也稱為芬多精花水,是從扁柏樹的枝葉中萃取出的成分。芬多精以其強大的空氣淨化力、能中和有害物質的作用而聞名,因此有益於孩童、老人、過敏性皮膚炎患者,或哮喘患者的健康。

尿囊素萃取自聚合草的根部,能有效鎮靜油性肌膚的狀況、傷口或敏感性肌膚。將100％高濃縮的粉末溶解於水中,只需加入一點點就能看到柔軟肌膚或保濕的效果。

嬰兒排子噴霧

嬰兒保濕乳液

舒敏沐浴油

黑炭舒敏洗面乳

以有溫和成淨力明顯減力

舒敏沐浴油

如果是有過敏症狀的幼兒，最好不要使用洗淨力太強的產品，推薦加
入單純溫和植物油的清潔用品。擦上沐浴油後，再用溫水將全身洗
淨，試著製作這款無刺激且單純溫和的沐浴油吧。

材料（100g）

油相層 月見草油 20g

荷荷巴油 15g

杏核油 10g

界面活性劑

椰油醯基蘋果氨基酸鈉 30g

椰油醯胺丙基甜菜鹼 10g

橄欖液 10g

添加物 甘油 3g

天然防腐劑（Napre）1g

精油 真正薰衣草精油 10 滴

德國洋甘菊精油 5 滴

乳香精油 5 滴

工具

玻璃量杯

電子秤

攪拌刮勺

精華液容器（120ml）

作法 | How to Make

(1) 將玻璃量杯放在電子秤上，計量油相層（月見草油、荷荷巴油、
杏核油）的材料。

(2) 加入界面活性劑（椰油醯基蘋果氨基酸鈉、椰油醯胺丙基甜菜
鹼、橄欖液），並攪拌均勻。

(3) 加入添加物（甘油、天然防腐劑）混合後，滴入精油（真正薰
衣草、德國洋甘菊、乳香）再攪拌均勻。

(4) 倒入事先消毒過的容器中，靜置一天待熟成後再使用。

用法 | How to Use

身體在乾的狀態下，將沐浴油塗抹於全身，再用溫水洗淨，並趁身體還是濕的時候，
仔細擦上乳液、身體油或護膚膏等。

月見草油具有保濕與預防老化的效果，加入精油混合後使用，能促進有益肌膚的成
分被吸收。尤其對於乾燥的肌膚有出色的保濕、鎮靜搔癢的效果，是能有效改善過
敏症狀的植物油。

低刺激性與良好的保濕效果

黑炭舒敏洗面乳

加入黑炭粉末製成的洗面乳，含有豐富礦物質並去除老廢物質。為了有適當的洗淨力與保濕，加入較不刺激皮膚的界面活性劑，以及有出色保濕效果的天然植物油，是一款不只孩子、也很適合有過敏症狀的成人或是敏感性肌膚使用的洗面乳。

材料（90g）

月見草油 18g

黃金荷荷巴油 9g

甜杏仁油 18g

椰油醯基蘋果胺基酸鈉 30g

黑炭粉 2g

維他命 E 2g

橄欖液 10g

天然防腐劑（Napre）1g

真正薰衣草精油 3 滴

工具

玻璃量杯

電子秤

攪拌刮勺

迷你手持攪拌機

容器（100ml）

作法 | How to Make

① 將玻璃量杯放在電子秤上，計量月見草油、黃金荷荷巴油和甜杏仁油。

② 加入椰油醯基蘋果胺基酸鈉並攪拌均勻。

③ 計量好黑炭粉後，加入並用刮勺拌勻。為了使黑炭粉混合均勻，要用刮勺拌久一點，也可使用迷你手持攪拌機。

④ 依序加入維他命 E、橄欖液、天然防腐劑並混合均勻，再滴入真正薰衣草精油拌勻。

⑤ 倒入事先消毒過的容器中，靜置 1 ～ 2 天待熟成後再使用。

用法 | How to Use

不會起很多泡泡，但屬於泡沫較綿密的洗面乳，想成洗淨力比潔顏油要好即可。由於黑碳粉末可能會沉澱，使用前請輕輕搖晃。

黑炭舒敏洗面乳的 pH 值為 6.5 ～ 7 的中性，不同的膚質可能會造成刺激性。如果想做弱酸性的泡沫洗面乳，請用橄欖油界面活性劑來取代椰油醯基蘋果胺基酸鈉。

能同時緩和過敏症狀與保濕

金盞花乳液

難易度 ◗◗◗

膚質 過敏、敏感性

功效 保濕、鎮靜搔癢

保存 冷藏

保存期限 2 ～ 3 個月

rHLB 6.88

金盞花的英文為 Calendula，在西方也是用途相當廣泛的藥用香草，不止乾性、敏感性，連有過敏症狀的肌膚使用後都有出色的效果。在能保濕的乳油木果脂、荷荷巴油中加入 Atofree Powder，就是一款連嚴重乾性、敏感的過敏膚質也能使用的乳液，為了不讓肌膚變乾燥，請隨時細心塗抹。

材料（100g）

水相層 精製水 71g

　　　　Atofree Powder 2g

　　　　金盞花萃取液 2g

油相層 月見草油 10g

　　　　荷荷巴油 5g

　　　　乳油木果脂 3g

　　　　橄欖乳化蠟 2.4g

　　　　GMS 乳化劑 1.6g

　　　　維他命 E 2g

添加物 神經醯胺 1g

精油 德國洋甘菊精油 2 滴

　　　　真正薰衣草精油 5 滴

工具

玻璃量杯 2 個

電子秤

加熱板

溫度計

攪拌刮勺

迷你手持攪拌機

精華液容器（100ml）

作法 | How to Make

① 將玻璃量杯放在電子秤上，依序計量水相層（精製水、Atofree Powder、金盞花萃取液）的材料。為了使 Atofree Powder 完全混合，要用刮勺拌勻。

② 將另一個玻璃量杯放在電子秤上，依序計量油相層（月見草油、荷荷巴油、乳油木果脂、橄欖乳化蠟、GMS 乳化劑）的材料。

③ 將 2 個玻璃量杯放在加熱板上，加熱至 70 ～ 75℃。

④ 將油相層的量杯慢慢倒入水相層的量杯中，並持續用刮勺與迷你手持攪拌機輪流攪拌。

⑤ 變成乳霜狀態時，加入維他命 E、添加物（神經醯胺）和精油（德國洋甘菊、真正薰衣草），並混合拌勻。

⑥ 倒入事先消毒過的容器中，靜置一天至待熟成後再使用。

用法 | How to Use

Atofree Powder（類似超氧化物歧化酶 SOD，具有抗氧化與抗敏作用）是專為過敏專用保養品製作的原料，特色是容易溶於水或油中。Atofree Powder 通常不會單獨使用，而是加入乳液或乳霜中。將 Atofree Powder 加入荷荷巴油、月見草油中混合，並持續使用，對於緩和過敏症狀有很大的幫助。嚴重的乾性過敏情況時，可將荷荷巴油 10g、月見草油 10g、德國洋甘菊精油 2 ～ 4 滴混合，再直接塗抹於皮膚上。

能緩和過敏症狀的中藥成分植物油

舒敏紫雲膏護膚霜

難易度 ●●●
膚質 過敏、問題肌膚
功效 鎮靜、保濕、修復
保存 室溫
保存期限 3 ～ 6 個月
rHLB 6.88

紫雲膏指的是中藥所浸泡的油，是對於過敏及各種皮膚病都很有效的
藥油。再加入能有效鎮靜搔癢與保濕的月見草油、可緩和皮膚問題的
魚腥草萃取液，就是適合過敏皮膚的乳液。

材料（100g）

水相層 精製水 50g
甘油 3g
Atofree Powder 2g
魚腥草萃取液 4g
神經醯胺（水相用）5g

油相層 紫雲膏油 10g
月見草油 10g
乳油木果脂 3g
橄欖乳化蠟 3.8g
GMS 乳化劑 2.2g

添加物 天然防腐劑（Napre）1g
卡波姆凝膠 3g
維他命 E 2g

精油 真正薰衣草精油 10 滴
德國洋甘菊精油 5 滴
茶樹精油 5 滴

工具

玻璃量杯 2 個
電子秤
加熱板
溫度計
攪拌刮勺
迷你手持攪拌機
乳霜容器（50ml）2 個

作法 | How to Make

① 將玻璃量杯放在電子秤上，依序計量水相層（精製水、甘油、Atofree Powder、魚腥草萃取液、神經醯胺）的材料。

② 將另一個玻璃量杯放在電子秤上，依序計量油相層（紫雲膏油、月見草油、乳油木果脂、橄欖乳化蠟、GMS 乳化劑）的材料。

③ 將 2 個玻璃量杯放在加熱板上，加熱至 70 ～ 75℃。

④ 將油相層的量杯慢慢倒入水相層的量杯中，並用迷你手持攪拌機進行混合。如果用刮勺的話，會使乳化散開，乳液黏度就會變稀。

⑤ 當溫度下降至 50 ～ 55℃，出現些許黏度時，依序加入添加物（天然防腐劑、卡波姆凝膠、維他命 E），一邊持續用刮勺拌勻。添加物中的天然防腐劑也可先加入水相層的材料中，如果先加入水相層，要注意不要讓溫度上昇得太高。

⑥ 滴入精油（真正薰衣草、德國洋甘菊、茶樹）並混合均勻。

⑦ 倒入事先消毒過的容器中。

魚腥草是以出色的解毒與修復效果而知名的藥草，具有抗菌、抗炎作用、增加免疫力與利尿作用等各種功效。魚腥草用在美容上也有很好的效果，尤其是含有一種名為葉含槲皮貳的特殊成分，能使毛細血管擴張並清澈血液，排除皮膚中的毒素。

→替代材料

精製水→薰衣草花水｜甘油→玻尿酸｜神經醯胺（水相用）5g →聚季銨鹽 -51 3g
紫雲膏油→紫草油｜月見草油→荷荷巴油｜乳油木果脂→蘆薈脂
卡波姆凝膠 3g →蘆薈膠 10g

金盞花乳液

舒敏紫雲膏護膚霜

舒敏紫雲膏滾珠

舒敏按摩膏

能輕柔按摩的固狀脂類

舒敏按摩膏

塗抹在搔癢過敏肌膚上的按摩用油脂，加入荷荷巴脂與 Atofree Powder，抗炎同時舒緩瘙癢症狀。由於為固體形態，具有方便攜帶的優點，按摩膏一碰到皮膚就會徐徐融化慢慢地被吸收，塗抹於肌膚後，請一邊按摩使其完全滲透肌膚。

難易度 ●●○

膚質 過敏、嚴重乾性

功效 保濕、鎮靜

保存 室溫

保存期限 2 ～ 3 個月

能有效鎮靜搔癢肌膚

舒敏紫雲膏滾珠

知名的紫雲膏無論幼童或是皮膚敏感的人，幾乎家中每個人都可以使用，它的主要材料就是紫雲膏油。塗抹在皮膚上後，為了能更快吸收，也可以做成滾珠瓶。

難易度 ●○○

膚質 過敏、敏感性

功效 保濕、鎮靜、抗炎

保存 室溫

保存期限 2 ～ 3 個月

材料（45g）

油相層 荷荷巴脂 38g

添加物 Atofree Powder 0.5g

維他命 E 2g

精油 3％的德國洋甘菊精油加荷荷巴油 4g

真正薰衣草精油 10 滴

工具

玻璃量杯

電子秤

攪拌刮勺

加熱板

溫度計

馬口鐵盒（15ml）3 個

作法 | How to Make

① 將玻璃量杯放在電子秤上，計量荷荷巴脂。

② 將量杯放在加熱板上，加熱至荷荷巴脂完全融化。

③ 依序加入 Atofree Powder 與維他命 E 並用刮勺拌勻。

④ 滴入精油（3％的德國洋甘菊精油加荷荷巴油、真正薰衣草）並拌勻。

⑤ 倒入事先消毒過的容器中。

3％的德國洋甘菊精油加荷荷巴油的分量可依搔癢症狀的程度來調整，嚴重瘙癢的話，可以增加至 5 克。

→替代材料

荷荷巴脂→橄欖脂｜ Atofree Powder →尿囊素

維他命 E →天然維他命 E、神經醯胺（水相用）

材料（30g）

荷荷巴油 15g

紫雲膏油 14g

維他命 E 1g

薄荷精油 5 滴

德國洋甘菊精油 2 滴

工具

玻璃量杯

電子秤

攪拌刮勺

滾珠瓶（10ml）3 個

作法 | How to Make

① 將玻璃量杯放在電子秤上，計量荷荷巴油和紫雲膏油。

② 依序加入維他命 E 與精油（薄荷、德國洋甘菊）並攪拌均勻。

③ 倒入事先消毒過的容器中。

用法 | How to Use

輕輕塗抹於皮膚出現狀況或感覺搔癢的部位。

紫雲膏油是把紫草、黃芩、當歸、苦蔘、芍藥、甘草、陳皮等 12 種中藥放入天然植物油中，將其中有益肌膚的成分浸泡出來的浸泡油（Infused Oil），能消毒傷口、緩和搔癢、保濕、改善皮膚問題、抗菌、增進免疫機能等，含有改善過敏的中藥成分。紫雲膏油在問題肌膚與預防老化也有出色的效果，可以加入乳霜或乳液中，或是和荷荷巴油或杏核油混合，當成基底油來使用。

酷夏身體沐浴露

男用全能乳霜

酷夏身體沐浴露

難易度 ●●
肌膚 混合性、油性
功效 保濕
保存 室溫
保存期限 2 ～ 3 個月

炎熱的夏天裡，有時光用冷水洗澡仍然會覺得不夠，因此添加了有清涼感的薄荷與真正薰衣草精油，做成這款能同時享受清爽香氣的沐浴露。加入從椰子中萃取出的椰油醯胺丙基甜菜鹼，就是一款能減少刺激並能溫和洗去老廢物質的沐浴露。

材料（100g）

水相層 精製水 50g
黃原膠 1g
甘油 3g

添加物 LES 30g
CDE 3g
椰油醯胺丙基甜菜鹼 5g
絲質胺基酸 3g
橄欖油 3g
橄欖液 1g
天然防腐劑（Napre）1g

精油 薄荷精油 10 滴
真正薰衣草精油 5 滴

工具

玻璃量杯
電子秤
攪拌刮勺
加熱板
溫度計
洗髮精容器（100ml）

作法 How to Make

1. 將玻璃量杯放在電子秤上，先計量水相層（精製水、黃原膠、甘油）的材料。

2. 將量杯放在加熱板上，加熱至 60 ～ 65℃。

3. 用刮勺拌勻，使黃原膠充分溶化。

4. 加入添加物（LES、CDE、椰油醯胺丙基甜菜鹼、絲質胺基酸、橄欖油、橄欖液、天然防腐劑），一邊用刮勺拌勻。由於會產生泡沫，請不要使用迷你手持攪拌機。

5. 滴入精油（薄荷、真正薰衣草）並以刮勺混合均勻。

6. 倒入事先消毒過的容器中，靜置一天待熟成後再使用。

用法 How to Use

按壓適量於沐浴球上，充分搓揉出泡沫後再使用，注意不要噴濺到眼睛。

薄荷精油的特色是帶有清涼且涼爽的香氣，能恢復疲勞並提高集中力，具有轉換情緒的效果。獨特的清爽香氣能防止打瞌睡，還有冷卻作用，對於頭痛、偏頭痛、神經痛等很有效。由於能鎮靜搔癢與發炎，非常適合青春痘膚質和油性膚質使用。

同時完成臉部與身體保濕

男用全能乳霜

難易度	◆◆◆
膚質	所有膚質
功效	保濕、鎮靜
保存	室溫
保存期限	1 ～ 2 個月
rHLB	7.66

雖然最近的男性開始對美容保養產生興趣，但大部分的人在擦的時候，多半還是不會區分化妝水、乳液和乳霜，為了那種在乾燥的秋冬仍然只會使用一種保養品的男性，製作了這款比乳液更保濕的全能乳霜。塗抹於臉部與身體，不會黏膩且能馬上吸收，加上保濕力佳，絕對是男性會喜歡的乳霜。

材料（100g）

水相層 精製水 63g
　　　　 扁柏花水 10g

油相層 甜杏仁油 7g
　　　　 荷荷巴油 3g
　　　　 乳油木果脂 5g
　　　　 鯨蠟醇 1g
　　　　 橄欖乳化蠟 4.4g
　　　　 GMS 乳化劑 1.6g
　　　　 維他命 E 1g

添加物 Moist 24（白茅草萃取）1g
　　　　 玻尿酸 2g
　　　　 天然防腐劑（Napre）1g

精油 花梨木精油 2 滴
　　　 薄荷精油 5 滴
　　　 茶樹精油 5 滴

工具

玻璃量杯 2 個
電子秤
攪拌刮勺
加熱板
溫度計
迷你手持攪拌機
乳霜容器（50ml）2 個

作法 │ How to Make

① 將玻璃量杯放在電子秤上，依序計量水相層（精製水、扁柏花水）的材料。

② 將量杯放在加熱板上，加熱至 70 ～ 75℃。

③ 將另一個玻璃量杯放在電子秤上，計量油相層（甜杏仁油、荷荷巴油、乳油木果脂、鯨蠟醇、橄欖乳化蠟、GMS 乳化劑、維他命 E）的材料。

④ 將量杯放在加熱板上，加熱至 70 ～ 75℃，中途要不時攪拌，使蠟更快融化。

⑤ 將 2 個量杯的溫度調節至 70 ～ 75℃。

⑥ 將油相層的量杯慢慢倒入水相層的量杯中，並用迷你手持攪拌機進行混合。如果用刮勺的話，會使乳化散開，乳霜黏度就會變稀。

⑦ 當溫度下降至 50 ～ 55℃，出現些許黏度時，依序加入添加物（Moist 24、玻尿酸、天然防腐劑），一邊用攪拌勺拌勻。

⑧ 滴入精油（花梨木、薄荷、茶樹）並攪拌均勻。

⑨ 待溫度下降至 40 ～ 45℃ 時，倒入事先消毒過的容器中。

→附加配方

油性肌膚用的全能乳霜（100g）

水相層（精製水 67g、蘆薈水 10g）

油相層（月見草油 5g、荷荷巴油 4g、葵花籽油 3g、鯨蠟醇 1g、橄欖油乳化蠟 4.1g、GMS 乳化劑 1g、維他命 E 1g）

添加物（Moist 24 1g、玻尿酸 2g、天然防腐劑 1g）

精油（花梨木精油 2 滴、薄荷精油 5 滴、茶樹精油 5 滴）

能清潔、預防落髮又有舒暢清涼感

酷涼洗髮精

難易度	◆◆◇
膚質	頭皮屑、落髮
功效	預防落髮
保存	室溫
保存期限	2 ~ 3 個月

構思製作男性用洗髮精時，首先想到的就是要有好的洗淨力，以及有預防落髮效果的洗髮精，便加入了菖蒲與何首烏萃取液，還有能提供頭皮涼爽感的薄荷腦與薄荷精油。炎熱的夏天，工作結束後回到家裡，洗一個舒暢的澡，還能同時好好放鬆休息。

材料（250g）

水相層 精製水 162g
菖蒲萃取液 20g
何首烏萃取液 10g
薄荷腦 0.5g
聚季銨鹽 0.5g
Glucamate 2g

界面活性劑
LES 35g
椰油醯胺丙基甜菜鹼 2g
CDE 3g

添加物 絲質胺基酸 10g
原他命原 B5 3g
天然防腐劑（Napre）2g

精油 迷迭香精油 5 滴
薄荷精油 5 滴
依蘭依蘭精油 5 滴

工具

玻璃量杯
電子秤
攪拌刮勺
加熱板
溫度計
洗髮精容器（300ml）

作法 | How to Make

① 將玻璃量杯放在電子秤上，先計量水相層（精製水、菖蒲萃取液、何首烏萃取液、薄荷腦、聚季銨鹽、Glucamate）的材料。

② 將量杯放在加熱板上，加熱至 60℃。

③ 確認 Glucamate 是否完全溶化後，將量杯從加熱板上取下。

④ 加入界面活性劑（LES、椰油醯胺蘋果胺基酸鈉、CDE）並攪拌均勻。

⑤ 當溫度下降至 50℃ 時，加入添加物（絲質胺基酸、原他命原 B5、天然防腐劑）與精油（迷迭香、薄荷、依蘭依蘭）並混合均勻。

⑥ 倒入事先消毒過的容器中，靜置一天待熟成後再使用。

用法 | How to Use

如果膚質較為敏感時，薄荷腦可能會造成刺激，請減少薄荷腦的添加量。

菖蒲萃取液是能潤澤髮絲並預防落髮的材料，由於對頭皮與頭髮不會有副作用，也有益於毛孔與毛囊，充分地按摩後能使頭髮更健康。

何首烏萃取液含有能抑止白頭髮生成的成分，特別能緩和頭皮屑等因過敏產生的搔癢症狀，使頭皮和頭髮更健康。

薄荷腦是在牙膏中常會聞到的熟悉香氣，為薄荷的主要成分，常用在藥膏、足部噴霧、鬍後水、瘦身產品等各種製品中。如果大量使用可能會造成刺激，只需加入少量即可。

直接擦在頭皮上的護髮素

酷涼頭皮護髮素

如果因落髮或脂漏性頭皮而苦惱，請加入 Espinosilla 萃取液來製作吧。
Espinosilla 萃取液能預防落髮，並有緩和頭皮屑、瘙癢等脂漏性頭皮
症狀的效果。加入易溶於水的水性摩洛哥堅果油，能柔軟髮絲，還有
薄荷腦替護髮素增添清涼感。

材料（100g）

何首烏萃取液 10g

Espinosilla 萃取液 10g

蘆薈水 31g

薄荷腦 0.5g

蘆薈膠 25g

水性摩洛哥堅果油 10g

絲質胺基酸 10g

玻尿酸 2g

天然防腐劑（Napre） 1g

薄荷精油 10 滴

茶樹精油 5 滴

工具

玻璃量杯

電子秤

攪拌刮勺

加熱板

容器（100ml）

作法 | How to Make

① 將玻璃量杯放在電子秤上，計量並依序加入除了精油以外其餘
的所有材料。

② 將量杯放在加熱板上，一邊加熱一邊用刮勺攪拌，直到使薄荷
腦溶化為止。

③ 將量杯從加熱板上取下，冷卻後滴入精油（薄荷、茶樹）並混
合均勻。

④ 倒入事先消毒過的容器中，靜置一天待熟成後再使用。

用法 | How to Use

洗髮後，擠出適量於手心並塗抹於頭皮上，用指尖輕輕按壓使其吸收。如果膚質較
為敏感，薄荷腦可能會造成刺激，請減少薄荷腦的添加量。

Espinosilla 為墨西哥高山地帶生長的植物，可以供給頭皮營養與氧氣，減少頭皮屑
產生，並預防落髮。能有效緩合頭皮屑過多、洗過頭仍然覺得油、癢的脂漏性頭皮
症狀。

摩洛哥堅果油含有豐富維他命，具有保濕、活性皮膚、改善肌膚鬆弛的效果。常用
在按摩油或護髮用品中。將摩洛哥堅果油做成微脂粒的狀態，再完全溶於水中就是
水性摩洛哥堅果油。

酷涼洗髮精

酷涼頭皮護髮素

趕走睡意並提升專注力

酷涼棒

難易度 ●●○

膚質 所有膚質

功效 預防瞌睡、保濕

保存 室溫

保存期限 3 ～ 6 個月

每個人都會有需要專心卻不停打著哈欠，覺得無精打采發睏的時候，在溫暖的車子中或是圖書館裡，特別覺得沒勁想睡時，請試用看看這款酷涼棒吧。將加入薄荷腦與薄荷的酷涼棒，塗抹於脖子後側，就會感到精神一振並提升注意力，由於加入了天然植物油與油脂，也有助於保濕。

材料（45g）

油相層 葵花籽油 8g
甜杏仁油 20g
橄欖油 5g
乳油木果脂 2g
蜜蠟（未精製）6g
小燭樹蠟 3g
添加物 薄荷腦 0.5g
精油 薄荷精油 5 滴
迷迭香精油 5 滴

工具

玻璃量杯
電子秤
玻璃棒
加熱板
溫度計
小圓管（15ml）2 個

作法 | How to Make

① 將玻璃量杯放在電子秤上，依序計量油相層（葵花籽油、甜杏仁油、橄欖油、蜜蠟、小燭樹蠟）的材料。

② 將量杯放在加熱板上，用玻璃棒攪拌至未精製蜜蠟、小燭樹蠟融化為止。

③ 將量杯從加熱板上取下，加入薄荷腦並混合。

④ 當溫度下降至 60℃ 時，加入乳油木果脂拌勻。因為乳油木果脂在高溫下融化會產生顆粒狀，待溫度下降至 60℃，再加入並攪拌均勻，使用起來觸感會比較好。

⑤ 待溫度下降至 55℃，滴入精油（薄荷、迷迭香），再用玻璃棒拌勻。

⑥ 倒入事先消毒過的容器中，靜置一天待凝固後再使用。

用法 | How to Use

需要集中注意力時，適量塗於脖子後側，再均勻抹開即可。

使乾燥的嘴唇柔嫩平滑

玫瑰護唇膏

難易度 ●●○
膚質 乾燥的嘴唇
功效 保護、保濕
保存 室溫
保存期限 3～6個月

由於嘴唇的脂肪層不足且薄，很容易就變得乾燥，為了不讓它裂開或脫皮，就需要小心保養。加入含有豐富礦物質與維他命的甜杏仁油，以及能進行抗氧化作用葵花籽油，做成這款玫瑰護唇膏。為了讓孩子隨身攜帶並隨時補擦，一次做好幾個也是不錯的方法。

材料（30g）

甜杏仁油 10g
葵花籽油 10g
蜜蠟（未精製）8g
維他命 E 2g
乳油木果脂 2g
3%的玫瑰精油加荷荷巴油 10 滴

工具

玻璃量杯
電子秤
攪拌刮勻
加熱板
馬口鐵盒（30ml）

作法 | How to Make

① 將玻璃量杯放在電子秤上，依序計量甜杏仁油、葵花籽油、蜜蠟和維他命 E。

② 將量杯放在加熱板上加熱，一邊攪拌至蜜蠟完全融化為止。

③ 攪拌均勻後，滴入 3%的玫瑰精油加荷荷巴油，再混合拌勻。

④ 倒入事先消毒過的容器中，靜置一天待凝固後再使用。

用法 | How to Use

甜杏仁油含有大量的礦物質、維他命 A 等，和玫瑰、檀香、薰衣草、天竺葵、橙花等精油混合後，可用來當成孩子的保濕用油。可以使用在孩童按摩、腹部按摩、鎮靜皮膚搔癢等，是對於乾性、老化、敏感性肌膚都有極佳保濕力的植物油。

葵花籽油是有豐富維他命 E（tocopherol）的植物油，特別是含有亞麻酸、必需脂肪酸與構成細胞的成分卵磷脂，有調節皮脂分泌的作用。透過鎮靜肌膚與抗氧化作用，還能預防老化。

充滿天然椰子油香氣

椰子油護唇膏

難易度 ◆◆
膚質 乾燥的嘴唇
功效 保護、保濕
保存 室溫
保存期限 3 ～ 6 個月

從椰子中萃取出的椰子油，是可用於健康、減肥、皮膚、頭髮等最佳的材料，不但有效也很受歡迎。能被迅速吸收的椰子油，可供給肌膚養分與水分，對於嘴唇保濕特別有效。有甜甜椰子香氣的護唇膏，是孩子也會喜歡的產品。

材料（30g）

特級初榨椰子油 15g
葵花籽油 5g
蜜蠟（未精製）8g
維他命 E 2g

工具

玻璃量杯
電子秤
攪拌刮勺
加熱板
馬口鐵盒（30ml）

作法 | How to Make

① 將玻璃量杯放在電子秤上，依序計量特級初榨椰子油、葵花籽油、蜜蠟和維他命 E。

② 將量杯放在加熱板上加熱，一邊攪拌至蜜蠟完全融化為止。

③ 倒入事先消毒過的容器中，靜置一天待凝固後再使用。

用法 | How to Use

椰子油有防止肌膚老化、減少皮膚因暴露在陽光下造成的傷害、改善頭皮屑、預防落髮等效果，因而有「靈丹妙藥」之稱。還能卸除彩妝，或是用於保濕肌膚或嘴唇；由於有抗菌效果，可在被蟲子叮咬時塗抹，或是活用於防蟲或除臭等用途。椰子油含有月桂酸（Lauric Acid），月桂酸在人體中會轉變為一種稱為單月桂酸甘油酯的抗生物質，有抗菌作用，因此對於青春痘、狐臭等各種皮膚疾病有出色的效果。

玫瑰護唇膏

椰子油護唇膏

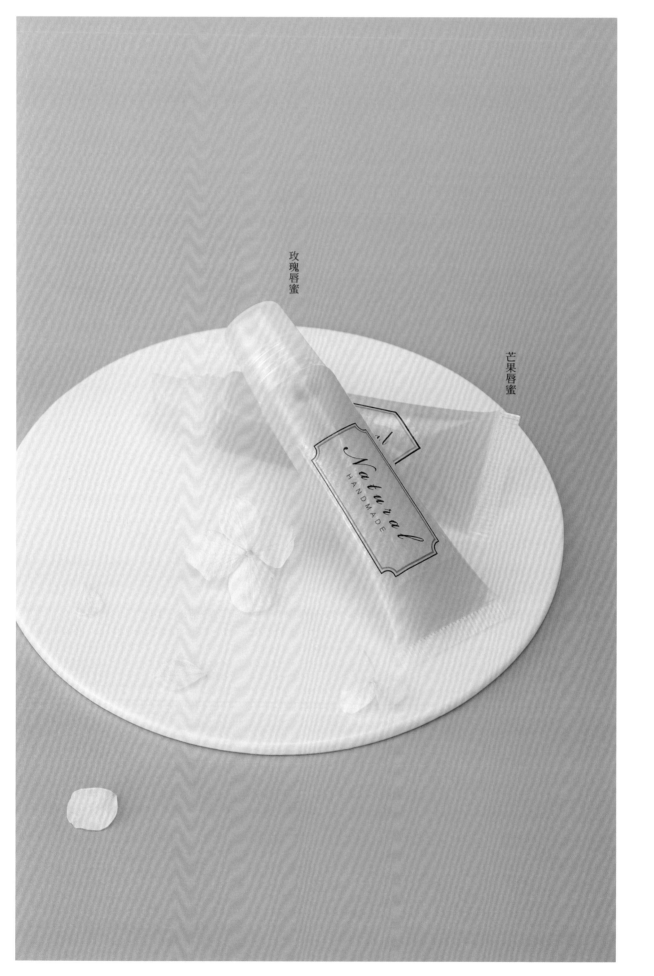

玫瑰唇蜜

芒果唇蜜

加入玫瑰花水與蘆薈膠的水狀質感

玫瑰唇蜜

難易度 ●●
膚質 乾燥的嘴唇
功效 保護、保濕
保存 室溫
保存期限 1 ～ 2 個月

對外貌與化妝感興趣的孩子，如果使用的是充滿有害物質的化妝品，難免會令人擔憂，因此做了這款唇蜜。加入了有著濃郁深沉玫瑰香氣的奧圖玫瑰花水，能使肌膚柔嫩並供給水分的蘆薈膠，以及出色保濕效果的荷荷巴油，塗抹於嘴唇上，不只有水潤光澤，還同時會有漂亮的淡紅色效果。

材料（30g）
奧圖玫瑰花水 18g
蘆薈膠 8g
水性黃金荷荷巴油 3g
甘油 1g
水溶性甘油色素（紅）1 滴
水蜜桃味香精油 10 滴

工具
玻璃量杯
電子秤
攪拌刮勺
加熱板
溫度計
護唇膏軟管（15ml）2 個

作法 ┃ How to Make

① 將玻璃量杯放在電子秤上，計量奧圖玫瑰花水與蘆薈膠。

② 將量杯放在加熱板上，加熱至 60℃。

③ 加入水性黃金荷荷巴油、甘油、水溶性甘油色素（紅），並用刮勺仔細拌勻。

④ 當溫度下降至 50 ～ 55℃ 時，加入水蜜桃味香精油，並混合均勻。

⑤ 倒入事先消毒過的容器中，靜置一天待熟成後再使用。

玫瑰花水具有出色的鎮靜肌膚效果，以能活化疲憊的皮膚而聞名，此外還能提供養分給粗糙乾燥的肌膚，打造有活力的膚質。適合敏感性肌膚、乾性肌膚、老化肌膚等所有膚質，並能有效舒解壓力與轉換心情。

→替代材料
奧圖玫瑰花水→薰衣草花水

加入天然植物油與油脂的水潤唇蜜

芒果唇蜜

集合了有優秀保濕效果與柔和觸感的植物油與油脂，加入能使皮膚光澤、濕潤，具有水潤保濕力的植物羊毛脂，以及含有維他命 A、D、E的小麥胚芽油，就能使雙唇保持潤澤光滑。

材料（30g）

橄欖油酸乙基己酯 10g
荷荷巴油 19g
植物羊毛脂 5g
小麥胚芽油 3g
蜂蠟 1g
芒果味香精油 10 滴

工具

玻璃量杯
電子秤
攪拌刮勺
加熱板
溫度計
護唇膏軟管（15ml）2 個

作法 | How to Make

① 將玻璃量杯放在電子秤上，計量橄欖油酸乙基己酯、荷荷巴油、植物羊毛脂、小麥胚芽油與蜂蠟。

② 將量杯放在加熱板上，加熱至 60℃。

③ 仔細攪拌均勻，直到蜂蠟完全融化。

④ 當溫度下降至 50～55℃ 時，加入芒果味香精油，並混合均勻。

⑤ 倒入事先消毒過的容器，靜置一天待熟成後再使用。

橄欖油酸乙基己酯是從橄欖油中的脂肪酸萃取而成的酯油，為天然酯油中最溫和且品質最高的一種，加入保養品中能提高延展性，也有不錯的保濕效果。

植物羊毛脂為萃取自黃豆、向日葵、油菜、玉米等天然植物的油分所做成的油脂。植物羊毛脂有益於乾性問題肌膚或恢復損傷皮膚，特別是對於去除腳後跟或手肘的角質，更有出色的效果。

鎮靜肌膚・改善青春痘

去痘紫雲膏滾珠

使用有效改善青春痘的天然植物油與中藥材做成的滾珠。加入能鎮靜肌膚、改善肌膚問題的綠茶籽油，以及能有效改善化膿性發炎的紫雲膏油，再加上全部以中藥製成的 Inflacin，Inflacin 一般多稱為「銀翹散」，具有緩和肌膚發炎症狀的功效。

材料（15g）

水相層 茶樹花水 9g
油相層 綠茶籽油 2g
　　　　　紫雲膏油 1g
添加物 RMA 2 滴
　　　　　甘油 1g
　　　　　Inflacin（銀翹散）1g
　　　　　橄欖液 5 滴
精油 真正薰衣草精油 3 滴
　　　　茶樹精油 3 滴
　　　　薄荷精油 1 滴

工具

玻璃量杯
電子秤
迷你手持攪拌機
攪拌刮勺
滾珠瓶（7ml）2 個

作法 | How to Make

① 將玻璃量杯放在電子秤上，計量並放入綠茶籽油、茶樹花水與添加物的 RMA，再用手持攪拌機混合均勻。

② 待出現黏度時，加入油相層的紫雲膏油、橄欖液與精油（真正薰衣草、茶樹、薄荷）並混合。紫雲膏油要後來再加，如果一開始就添加的話，會使黏度散開。

③ 最後加入甘油與 Inflacin（銀翹散），用刮勺拌勻。

④ 裝入事先消毒過的容器中再使用。

用法 | How to Use

適量塗抹於青春痘發炎的部位，或可能會產生疤痕的地方。

RMA 是無須加熱步驟，便能簡單做成乳霜或乳液的材料。在常溫下將油相層、水相層混合後，就會進行乳化並出現黏度，方便用來製作乳霜與乳液。

Inflacin 是用中藥做成的液態材料，一般多稱作「銀翹散」，由於能抑制化膿性發炎和皮膚炎，是能改善青春痘的材料，並且幾乎沒有副作用。還能抑制肌膚的黑斑、瑕疵、細紋，對於改善膚色非常有效。

可隨身攜帶的滾珠型去痘精華素

去痘精華素

難易度 ● ○ ○
膚質 青春痘、問題肌膚
功效 改善青春痘、問題肌膚
保存 室溫
保存期限 2 〜 3 個月

臉上冒出的青春痘總是令人煩惱，但兩頰、下巴、後背、胸前等紅紅的痘子，也讓人無法不在意。青春痘是由於皮脂過度分泌，加上角質堵塞毛孔而產生，青春痘會長在不同部位，是因為年齡的不同，皮脂腺的發達也會有所差異，試做看看這款輕輕點在長出青春痘或出現狀況的地方，就能加以鎮靜的滾珠型精華素吧。

材料（30g）

荷荷巴油 28g
維他命 E 1g
茶樹精油 7 滴
薰衣草精油 5 滴

工具

玻璃量杯
電子秤
攪拌刮勺
滾珠瓶（10ml）3 個

作法 | How to Make

① 將玻璃量杯放在電子秤上，依序計量並放入所有的材料，再用刮勺混合均勻。

② 裝入事先消毒過的容器中，靜置一天待熟成後再使用。

用法 | How to Use

到了青春期，額頭、鼻子等 T 字部位都會冒出青春痘，許多成人的胸前與後背也同樣會長出青春痘。想要改善青春痘，其中最重要的便是不刺激皮膚，使用無刺激的水溶性潔面乳，並要禁止用手擠壓以免留下疤痕。由於不規則的飲食、睡眠不足或是壓力，都會使青春痘惡化，最重要的還是要改變生活習慣。

茶樹精油能有效鎮靜發炎性的青春痘，各種研究結果指出，對於細菌、病毒、黴菌等有抗菌性與抗真菌性。

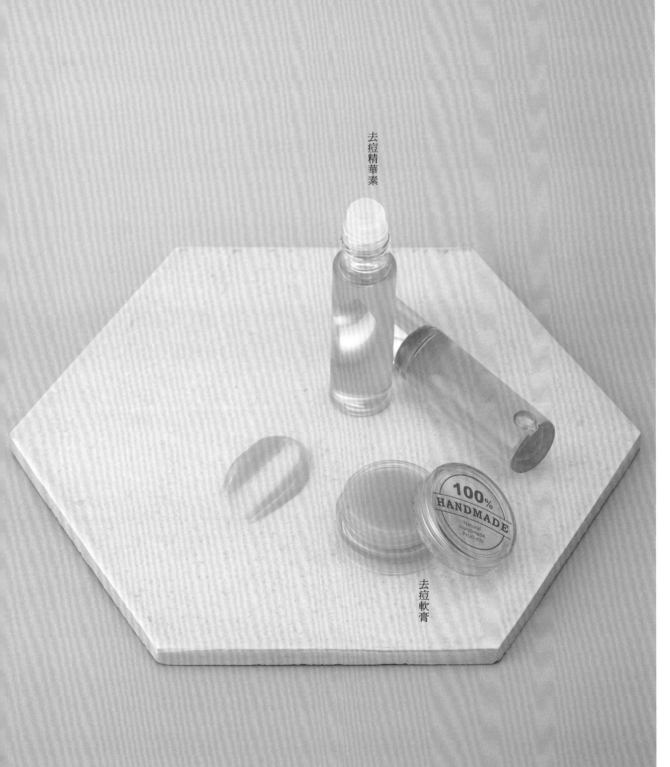

去痘精華素

去痘軟膏

鎮靜發炎與保濕

去痘軟膏

難易度 ●
膚質 青春痘、問題肌膚
功效 改善青春痘、問題肌膚
保存 室溫
保存期限 3 ～ 6 個月

為了正處於關心外表的年紀，卻因長青春痘而煩惱的孩子所設計的軟膏。引發青春痘的原因雖然複雜，但皮脂腺分泌旺盛堵塞毛孔，就會變成硬硬的皮脂；此外，也有可能是因為保養品中刺激的成分所造成。青春痘肌膚大部分都是乾燥且敏感的類型，所以也不能忽略保濕。

材料（30g）
荷荷巴油 10g
金盞花浸泡油 10g
榛果油 5g
蜂蠟 3g
維他命 E 1g
茶樹精油 5 滴
薰衣草精油 4 滴
乳香精油 3 滴

工具
玻璃量杯
電子秤
加熱板
玻璃棒
小圓管（15ml）2 個

作法 | How to Make

① 將玻璃量杯放在電子秤上，計量並放入荷荷巴油、金盞花浸泡油、榛果油、蜂蠟和維他命 E。

② 將玻璃量杯放在加熱板上加熱，一邊用玻璃棒攪拌，直到蜂蠟融化為止。

③ 滴入精油（茶樹、薰衣草、乳香）拌勻。

④ 當溫度下降至 50 ～ 55℃ 時，裝入事先消毒過的容器中，待凝固後再使用。

用法 | How to Use

榛果油是將榛果樹的果實經冷壓萃取而成，能使肌膚水潤並且容易吸收，有出色的保濕效果，並含有豐富的油酸。對堅果類過敏的人，一定要先做斑貼試驗後再使用，塗在手腕等皮膚內側，經過 48 小時後，再觀察皮膚出現的變化。

浸泡油是在大豆、橄欖油等天然植物油中，加入乾燥的香草浸泡三個月以上，所熟成的高濃縮油。常活用在乳霜、乳液、護唇膏、軟膏、按摩油、手工皂等產品中。

金盞花浸泡油是將金盞花的花瓣浸泡於大豆油中，具有鎮靜敏感性肌膚的效果。金盞花能有效改善肌膚問題、治療傷口、抗炎、收斂，也是很好的鎮靜青春痘的藥用香草。

將茶樹精油換成尤加利精油，就是一款成人用的青春痘軟膏。

防蟲紫雲軟膏

也稱作「蚊蟲軟膏」的紫雲軟膏，塗抹於蚊子叮咬的地方，能快速止癢，對於敏感性肌膚或感到乾癢的皮膚都很有效。為了避免嬰兒用手去抓蚊子叮咬處而難以痊癒，建議可將指甲修短，或是將叮癢處用透氣膠布貼起來。

材料（30g）

紫雲膏油 16g

月見草油 5g

乳油木果脂 3g

蜜蠟 5g

維他命 E 1g

真正薰衣草精油 4 滴

德國洋甘菊精油 2 滴

茶樹精油 1 滴

工具

玻璃量杯 1 個

電子秤

攪拌刮勺

加熱板

溫度計

馬口鐵盒（30ml）

作法 | How to Make

1. 將玻璃量杯放在電子秤上，計量並放入紫雲膏油、月見草油、乳油木果脂和蜜蠟。

2. 將玻璃量杯放在加熱板上，加熱至 65 ～ 70℃，並一邊拌勻。

3. 待油脂與蜜蠟完全融化後，冷卻至 60℃ 左右。

4. 加入維他命 E、真正薰衣草、德國洋甘菊、茶樹精油拌勻。

5. 裝入事先消毒過的容器中，待凝固後靜置一天熟成再使用。

用法 | How to Use

請注意接觸到敏感肌膚，可能會造成刺激；不小心進入眼睛時要迅速用水洗淨。

紫雲膏油是把 12 種中藥放入天然植物油中，將其中對皮膚有益的成分浸泡出來，能有效抗菌、消毒傷口、改善搔癢症狀，而成為家庭常備藥。在有益肌膚的紫雲膏油中，加入德國洋甘菊、茶樹精油，就是有鎮靜皮膚、緩和搔癢功效的軟膏。

如果要製作成人用防蟲紫雲軟膏，只要將精油換成真正薰衣草精油 15 滴、德國洋甘菊精油 8 滴、茶樹精油 6 滴即可。

有防蟲、鎮靜皮膚效果的天然植物油

防蚊蟲油

能防禦蚊子或害蟲，塗抹於蚊子叮咬處有止癢效果，優點是鎮靜效果
比軟膏要快。德國洋甘菊精油對於止癢有抗組織胺效果，綠茶精油則
是有抗菌功效，能控制傷口不繼續惡化。

材料（20g）
金盞花油 14g
月見草油 5g
維他命 E 1g
薰衣草精油 6 滴
德國洋甘菊精油 2 滴
茶樹精油 4 滴

工具
玻璃量杯
電子秤
攪拌刮勺
滾珠瓶（10ml）2 個

作法 | How to Make

① 將玻璃量杯放在電子秤上，計量金盞花油、月見草油和維他命 E 後混合。

② 加入精油（薰衣草、德國洋甘菊、茶樹）並攪拌均勻。

③ 倒入事先消毒過的容器中搖晃均勻。

用法 | How to Use

塗抹於蚊子叮咬的部位。請注意防蚊蟲油接觸到敏感性皮膚，可能會造成刺激，不小心進入眼睛時要迅速用水洗淨。

德國洋甘菊精油所含的天藍烴（Chamazulene）是具有優秀抗炎症與抗組織胺效果的成分。抗組織胺有鎮靜搔癢的功效，如果有傷口或想要讓粗糙的皮膚迅速再生，加入德國洋甘菊精油即可。

防蚊蟲油

防蟲紫雲軟膏

防蚊噴霧

防蟲紫雲軟膏

能防禦害蟲並有止癢效果

防蚊軟膏

蚊子會傳染各種疾病，更因為茲卡病毒成為人人聞之色變的對象。這款軟膏不僅能趕走危險且煩人的蚊子，被叮咬時還能止癢，特別是到戶外時，塗抹於容易被蚊子叮咬的手、腳等部位，能防禦蚊子等各種害蟲，緩和搔癢並鎮靜肌膚。

材料（30g）

荷荷巴油 16g

月見草油 5g

乳油木果脂 3g

蜜蠟 4g

維他命 E 1g

香茅精油 10 滴

德國洋甘菊精油 4 滴

玫瑰天竺葵精油 5 滴

工具

玻璃量杯

電子秤

攪拌刮勺

加熱板

溫度計

迷你手持攪拌機

馬口鐵盒（30ml）

作法 | How to Make

① 將玻璃量杯放在電子秤上，依序計量荷荷巴油、月見草油、乳油木果脂和蜜蠟。

② 將玻璃量杯放在加熱板上，加熱至 65 ～ 70℃，並一邊攪拌均勻。

③ 待蜜蠟完全融化後，冷卻至 60℃ 左右。

④ 加入維他命 E 和精油（香茅、德國洋甘菊、玫瑰天竺葵）拌勻。

⑤ 裝入事先消毒過的容器中，待凝固後靜置一天熟成再使用。

用法 | How to Use

特別容易被蚊子叮咬的人，主要為體溫較高、多汗的孩童，或是荷爾蒙分泌較發達的女性。蚊子對於體溫、濕度、味道等很敏感，會利用嗅覺來尋找血液，因此要常淋浴以去除汗味、降低體溫，並儘量避免噴香水。被蚊子叮咬時，如果塗上口水或是用指甲壓等偏方，要小心可能會造成二次感染。請用香皂將叮咬部位洗淨，再塗上防蚊軟膏，如果還是會搔癢，用毛巾冰敷也是不錯的方法。請注意如接觸到敏感性皮膚，可能會造成刺激。

幼兒用防蚊軟膏 請置換上面配方中的精油即可。香茅精油 5 滴、德國洋甘菊精油 2 滴、茶樹精油 2 滴。

→ 替代材料

荷荷巴油→金盞花油

玫瑰天竺葵精油→薰衣草精油

能防禦惱人蚊子的天然防蟲劑

防蚊噴霧

難易度 ●
膚質 家庭用
功效 防蟲、增進免疫力
保存 室溫
保存期限 2 ～ 6 個月

似乎四季都會被蚊蟲叮咬所擾，總是因為蚊子而睡不好，看到被蚊子叮咬而發癢的孩子，感到無比心疼。研發這款在家也能輕鬆製作使用的防蚊噴霧，還有能直接噴在皮膚上的類型，請視需求製作吧。

材料（100g）
精製水 65g
酒精 33g
香茅精油 20 滴
檸檬香茅精油 10 滴
真正薰衣草精油 5 滴
玫瑰天竺葵精油 5 滴

工具
玻璃量杯
電子秤
攪拌刮勺
噴瓶（100ml）

作法 | How to Make

① 將玻璃量杯放在電子秤上，先計量酒精與精油（香茅、檸檬香茅、真正薰衣草、玫瑰天竺葵），並混合均勻。

② 計量並加入精製水後混合均勻。

③ 倒入事先消毒過的容器中搖晃均勻。

用法 | How to Use

請小心接觸到敏感性皮膚，可能會造成刺激；噴霧的液體不小心進入眼睛的話，要迅速用水洗淨。使用前先用力搖晃 3 ～ 5 次，再噴灑於枕頭、棉被等寢具上 2 ～ 3 次。在野外露營時，於帳篷內外或蚊帳上噴灑 3 ～ 5 次。

＋附加配方

戶外用防蚊噴霧（100g）
精製水 65g、酒精 30g、Multi-Naturotics 1g、橄欖液 2g、香茅精油 20 滴、真正薰衣草精油 5 滴、玫瑰天竺葵精油 5 滴、百里香精油 10 滴

超強效防蚊噴霧（100g）
精製水 25g、酒精 70g、香茅精油 60 滴、尤加利精油 20 滴、玫瑰天竺葵精油 20 滴

噴灑於皮膚的防蚊噴霧（100g）
精製水 80g、酒精 18g、DPG1g、香茅精油 5 滴、真正薰衣草精油 5 滴、茶樹精油 10 滴（精油添加的量越多，酒精的含量也要增加）。

能防禦塵蟎與害蟲

防蟎噴霧

加入肉桂萃取液的防禦塵蟎與害蟲的噴霧。肉桂又稱作桂皮，具有抗氧化效果，尤其在殺菌與抗真菌格外有效，能消滅塵蟎。在床墊、枕頭、棉被等寢具，或是地毯等塵蟎較多的地方，定期性地進行噴灑即可。去露營等戶外時，也一定要準備。

材料（100g）

精製水 23g
肉桂萃取液 5g
酒精 72g
真正薰衣草精油 6 滴
茶樹精油 6 滴
肉桂精油 3 滴

工具

玻璃量杯
電子秤
攪拌刮勺
溫度計
噴瓶（100ml）

作法｜How to Make

① 將玻璃量杯放在電子秤上，先計量酒精與精油（真正薰衣草、茶樹、肉桂），並用刮勺混合均勻。

② 加入精製水、肉桂萃取液後混合均勻。

③ 倒入事先消毒過的容器中搖晃均勻。

用法｜How to Use

使用前先用力搖晃 3～5 次。接觸到敏感性皮膚，可能會造成刺激；不小心進入眼睛時要迅速用水洗淨。

肉桂精油有肉桂皮與肉桂葉兩種，如要防塵蟎較常使用的是肉桂葉。肉桂葉幾乎不會有我們一般所熟悉的肉桂味，如果沒有肉桂葉也可使用肉桂皮。肉桂也曾出現在聖經中，是歷史相當悠久的一種植物。肉桂精油具有麻醉、防腐、血液凝固、殺蟲、驅蟲等效果，在東西方都被廣泛使用。

真正薰衣草精油有殺菌、消毒、防蟲等功效；茶樹精油則是有抗菌、抗病毒、防蟲等效果。

＋附加配方

肉桂精油防蟎噴霧（100g）

精製水 23g、肉桂萃取液 5g、酒精 70g、肉桂精油 20 滴、檸檬精油 20 滴

超強效防蟎噴霧（100g）

精製水 50g、酒精 40g、肉桂精油 60 滴、檸檬精油 20 滴、玫瑰天竺葵精油 20 滴（精油添加的量越多，酒精的含量也要增加）。

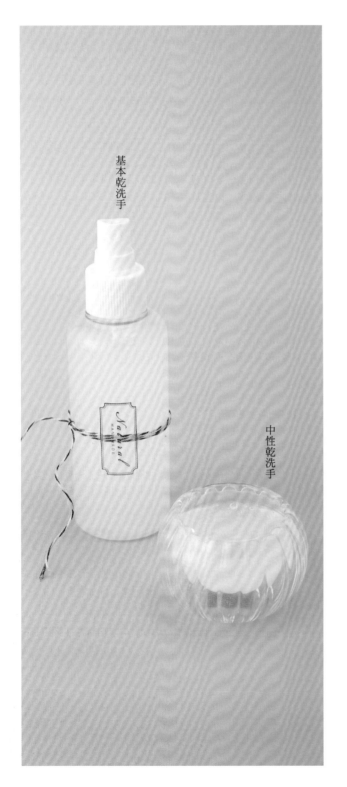

基本乾洗手

中性乾洗手

同時能抗菌與保濕的手部消毒劑

基本乾洗手

同時有消毒效果又不會使肌膚乾燥，加入有保濕機能的蘆薈膠做成的手部消毒劑。做法簡單且方便攜帶的基本乾洗手。

難易度 🜄◇◇
膚質 所有膚質
功效 抗菌、除菌
保存 室溫
保存期限 3 ～ 6 個月

擦起來溫和無刺激

中性乾洗手

如果敏感性膚質對於乾洗手中的酒精分成感到刺激，特別推薦這款乾洗手。強大殺菌力的茶樹花水塗抹於皮膚上，能帶來涼爽感；具有優秀抗菌效果的綠花白千層精油，特色是帶有清新香甜的氣味。由於做法簡單，放置在家中或辦公室裡，養成經常使用的習慣吧。

難易度 🜄◇◇
膚質 敏感性
功效 抗菌、除菌
保存 室溫
保存期限 3 ～ 6 個月

材料（100g）

蘆薈膠 37g

酒精 57g

玻尿酸 5g

茶樹精油 25 滴

工具

玻璃量杯

電子秤

攪拌刮勺

容器（100ml）

作法 | How to Make

① 將玻璃量杯放在電子秤上，計量酒精與精油並混合均勻。

② 加入玻尿酸、蘆薈膠後攪拌均勻。

③ 倒入事先消毒過的容器中，靜置一天待熟成後再使用。

用法 | How to Use

倒出適量的乾洗手，塗抹於整個手和手指，輕輕搓揉至完全乾燥為止。

材料（100g）

蘆薈膠 30g

茶樹花水 30g

酒精 35g

甘油 5g

真正薰衣草精油 5 滴

綠花白千層精油 10 滴

工具

玻璃量杯

電子秤

攪拌刮勺

容器（100ml）

作法 | How to Make

① 將玻璃量杯放在電子秤上，計量蘆薈膠、酒精與真正薰衣草、綠花白千層精油後混合均勻。

② 加入茶樹花水、甘油後攪拌均勻'。

③ 倒入事先消毒過的容器中，靜置一天待熟成後再使用。

用法 | How to Use

適合孩童或敏感性膚質的乾洗手。由於減少了酒精的含量，並加入幾乎無刺激性的材料所製成，是一款殺菌消毒效果好，又有優秀保濕機能的乾洗手。由於是比較稀的劑型，使用時要小心不要流灑出來。

→ 替代材料

綠花白千層精油→茶樹精油

帶來清爽感的 手部消毒劑

卡波姆凝膠乾洗手

難易度	●○○
膚質	所有膚質
功效	抗菌、除菌
保存	室溫
保存期限	2 ～ 3 個月

每當感冒、流感等病毒性疾病流行時，或是霧霾、黃沙等發威時，就一定要經常洗手。不過，也有不少情況下，不方便使用水和香皂來清洗，最好養成隨身攜帶乾洗手的習慣，請試做看看這款像乳液一樣塗在手上搓揉，就能殺掉 99% 細菌的乾洗手。

材料（100g）

精製水 22g
卡波姆凝膠 11g
酒精 65g
玻尿酸 2g
茶樹精油 5 滴
檸檬精油 3 滴
檸檬香茅精油 2 滴

工具

玻璃量杯
電子秤
攪拌刮勺
容器（100ml）

作法 │ How to Make

① 將玻璃量杯放在電子秤上，計量精製水與卡波姆凝膠，用刮勺混合均勻。

② 一邊慢慢加入少量的酒精，一邊用刮勺攪拌。

③ 加入玻尿酸並拌勻，接著滴入精油（茶樹、檸檬、檸檬香茅），再攪拌均勻。

④ 倒入事先消毒過的容器中搖晃均勻。

用法 │ How to Use

按壓幾次卡波姆凝膠乾洗手後，塗抹於整個手和手指，輕輕搓揉至完全乾燥為止。請小心不要讓乾洗手進入眼睛。

只要經常洗手就能預防 70% 以上的疾病，先將香皂搓揉出充分的泡沫，再仔細地清洗指尖、手背、手指甲到手腕部分。不過，只將手洗乾淨，還是很難預防病毒性疾病，搭乘大眾交通工具，或是摸過廁所馬桶、門把等之後，一定要用水和香皂洗手，或是利用乾洗手也很好。此外像是電腦鍵盤、滑鼠、手機按鍵、電視遙控器等電子產品，都會藏有大量的細菌，可以將面紙沾上手部消毒劑來擦拭。

卡波姆（Carbomer）是用來作為增稠劑、乳化安定劑的材料，加入卡波姆能調節保養品的黏度，並能混合不溶性或難以攪拌的成分，卡波姆做成凝膠狀就稱為卡波姆凝膠（Carbomer Pre-gel）。

使雙手擁有光滑柔嫩的呵護

橄欖油護手霜

難易度 ◆◆◆
膚質 所有膚質
功效 保濕、營養供給
保存 室溫
保存期限 1 ～ 2 個月
rHLB 7.60

一次做好多個護手霜或護唇膏，就能放在書桌、車子裡或化妝包等隨手可及的地方，便於使用。有句話說女人可以從手看出年齡，沒有悉心呵護做好保濕，似乎馬上就會變得粗糙乾荒。試做看看這款加入兩種天然脂類與植物油做成的護手霜。

材料（100g）

水相層 精製水 50g

油相層 橄欖脂 10g
乳油木果脂 5g
葵花籽油 10g
橄欖乳化蠟 5.1g
GMS 乳化劑 1.9g

添加物 Moist 24（白茅草萃取）10g
甘油 5g
絲質胺基酸 3g

精油 乳香精油 5 滴
玫瑰草精油 10 滴

工具

玻璃量杯 2 個
電子秤
攪拌刮勺
加熱板
溫度計
迷你手持攪拌機
乳霜容器（100ml）

作法 | How to Make

① 將玻璃量杯放在電子秤上，計量水相層（精製水）的材料。

② 用另一個量杯計量油相層（橄欖脂、乳油木果脂、葵花籽油、橄欖乳化蠟、GMS 乳化劑）的材料。

③ 將 2 個玻璃量杯放在加熱板上，加熱至乳油木果脂融化為止。

④ 當量杯溫度為 70 ～ 75℃ 時，將油相層的量杯慢慢倒入水相層的量杯中，並用攪拌勺拌勻。中途要用迷你手持攪拌機攪拌 1 ～ 2 次，以產生黏度。

⑤ 當溫度下降至 50 ～ 55℃ 以下，加入添加物（Moist 24、甘油、絲質胺基酸）拌勻。

⑥ 滴入精油（乳香、玫瑰草），待溫度為 40 ～ 45℃ 時，倒入事先消毒過的容器中。

用法 | How to Use

橄欖脂能快速滲透肌膚，是常用在按摩膏等各種皮膚保養產品中的材料。很少會造成肌膚問題，多用於精華液、乳霜、乳液等保養品，或護唇膏、唇蜜等需要保濕潤澤的產品。

給予乾燥的雙手營養與水分

芒果脂護手滋養霜

難易度 ◆◆◇

膚質 所有膚質

功效 保濕

保存 室溫

保存期限 3 ～ 6 個月

換季時期或寒冷的冬天，手部肌膚難免會感到特別乾燥，失去水分的皮膚，不僅特別敏感，有害物質也很容易滲透進去。加入了含有豐富的養分，能供給水分不使肌膚變乾，並能形成保濕膜的天然油脂。

材料（30g）

芒果脂 21g

可可脂 3g

橄欖油酸乙基己酯 5g

維他命 E 1g

天竺葵精油 3 滴

芒果香精油 3 滴

工具

玻璃量杯

電子秤

攪拌刮勺

加熱板

溫度計

馬口鐵盒（30ml）

作法 | How to Make

① 將玻璃量杯放在電子秤上，依序計量芒果脂、可可脂、橄欖油酸乙基己酯與維他命 E。

② 將量杯放在加熱板上，加熱至油脂完全融化為止。

③ 當溫度為 50 ～ 55℃ 時，滴入天竺葵精油與芒果香精油，再混合拌勻。

④ 倒入事先消毒過的容器中。

用法 | How to Use

雖然是硬硬的質感，但一擦在手上，就會因體溫而輕輕融化被吸收。

芒果是富含維他命 A 與胡蘿蔔素的水果，芒果脂能保護肌膚隔絕陽光，並緩和因乾燥引起的刺激。尤其具有出色的保濕力，也可用來當做極乾性肌膚的潤膚霜材料。

橄欖油護手霜

芒果脂護手滋養霜

富有乳油木果脂的滿滿保濕力

水性乳油木果脂護手乳

難易度 💧

膚質 所有膚質

功效 保濕、修復

保存 室溫

保存期限 1 ～ 2 個月

保濕效果出色的乳油木果脂，含有阻隔紫外線的成分與修復細胞的功效，乳油木果脂大多為脂狀，但這裡加入的是做成微脂粒狀態的水性乳油木果脂，就能做成沒有黏膩感且清爽的乳液，做好足夠的分量後，塗抹在任何乾燥的部位吧。

材料（50g）

精製水 30g

荷荷巴油 9g

橄欖油 3g

水性乳油木果脂 5g

維他命 E 1g

天然防腐劑（Napre）1g

RMA 0.5g

橄欖液 0.5g

真正薰衣草精油 5 滴

依蘭依蘭精油 1 滴

工具

玻璃量杯

電子秤

攪拌刮勺

迷你手持攪拌機

乳霜容器（50ml）

作法 │ How to Make

① 將玻璃量杯放在電子秤上，計量精製水、荷荷巴油、橄欖油、水性乳油木果脂、維他命 E、天然防腐劑與 RMA。

② 利用手持攪拌機來進行乳化。

③ 待乳化穩定後，加入橄欖液與精油（真正薰衣草、依蘭依蘭），再用手持攪拌機攪拌，使其均勻。

④ 倒入事先消毒過的容器中。

水性乳油木果脂也稱為乳油木果脂微脂粒，將在室溫下為固態的乳油木果脂做成微脂粒狀態的原料，無需乳化劑也能輕易分散於水中，使做法變得簡單，還能用來製作化妝水或噴霧。

不黏膩的清爽保濕感

夏季水感護手乳

難易度 ●○○
膚質 所有膚質
功效 保濕、改善膚色
保存 室溫
保存期限 1 ～ 2 個月

到了夏季總覺得濕黏，就不太會擦護手乳或護手霜，於是製作了這款
不黏膩、像水一樣馬上就能吸收的清爽護手乳。其中的絲質胺基酸凝
膠，是將絲質胺基酸的各種有效成分做成凝膠狀，有極佳的保濕力，
加上做法很簡單，在炎熱的夏天也能隨身攜帶隨時塗抹。

材料（50g）

絲質胺基酸凝膠 20g

薰衣草花水 19g

水性荷荷巴油 5g

橄欖油 1g

維他命 E 1g

甘油 3g

天然防腐劑（Napre）1g

香水品牌香精油（選用）1 ～ 2 滴

工具

玻璃量杯

電子秤

攪拌刮勺

精華液容器（50ml）

作法 | How to Make

① 將玻璃量杯放在電子秤上，計量絲質胺基酸凝膠與香水品牌香
精油，用刮勺拌勻。

② 依序加入水性荷荷巴油、橄欖油、維他命 E、甘油、天然防腐劑，
並混合均勻。

③ 薰衣草花水分成少量多次加入，並一邊用刮勺攪拌。如果想要
稍微黏一點的話，可以使用手持攪拌機攪打 1 ～ 2 次。

④ 倒入事先消毒過的容器中，靜置一天待熟成後再使用。

用法 | How to Use

先將雙手洗淨，再按壓 1 ～ 2 次，將護手乳擠出，均勻塗在整個手上。由於使用起
來很清爽，夏天也可以使用。

絲質胺基酸為一種從蠶繭中萃取出的胺基酸，蠶繭做成的絲主成分為絲蛋白
（Fibroin），富含甘胺酸、丙胺酸、絲胺酸、酪胺酸等 18 種胺基酸。絲質氨基酸對
肌膚不會造成刺激，對於去除細紋或瑕疵、改善皮膚因氧化造成的色素沉澱、美白
等都有顯著的效果。

指緣油

指緣膏

美甲前後的指緣保養

指緣膏

常要做許多動作的忙碌雙手，請不要忘記細心呵護它，不然很快就會變得乾燥、粗糙，特別是指甲的指緣容易剝落變得難看。如果不習慣滑滑的油質，也可以做成膏狀的形態，由於可以隨身攜帶，在搭車通勤等零碎的時間，或是在美甲前後，塗抹於整個手部，就能使指緣變得柔軟光滑。

難易度 ●●○
膚質 乾燥的手
功效 軟化角質、保濕、保護
保存 室溫
保存期限 2 ～ 3 個月

---

36. SPECIAL ITEM

喜愛 DIY 美甲的人一定要準備

指緣油

隨著 DIY 美甲日漸受到歡迎，有越來越多的人會自己親手創作各種美甲造型，特別是到了夏天，會幫手腳做漂亮的光療或是延甲。由於指甲油會對指甲或手部皮膚造成刺激，為了打造健康的指緣，便製作了這款指緣油。

難易度 ●○○
膚質 脫皮的皮膚
功效 軟化角質、保濕、保護
保存 室溫
保存期限 2 ～ 3 個月

水相層 甜杏仁油 12g

黃金荷荷巴油 10g

維他命 E 1g

蜜蠟（未精製）7g

精油 檸檬精油 8 滴

橙花精油 3 滴

工具

玻璃量杯

電子秤

攪拌刮勺

加熱板

溫度計

馬口鐵盒（30ml）

作法 | How to Make

① 將玻璃量杯放在電子秤上，計量油相層（甜杏仁油、黃金荷荷巴油、維他命 E、蜜蠟）的材料。

② 將量杯放在加熱板上，一邊攪拌一邊加熱至蜜蠟完全融化為止。

③ 當溫度為 60℃ 時，滴入精油（檸檬、橙花）再混合拌勻。

④ 倒入事先消毒過的容器中。

用法 | How to Use

甜杏仁油與荷荷巴油能被肌膚迅速吸收且有優秀的保濕力，適合所有的膚質。特別是幾乎沒有油類特有的黏膩感，是其優點。

檸檬、橙花複方精油具有軟化角質、修復皮膚的效果，如果手和指緣乾燥，請持續地塗抹指緣膏並加以按摩。

材料（30g）

杏核油 13g

黃金荷荷巴油 10g

葡萄籽油 5g

維他命 E 1g

真正薰衣草精油 10 滴

橙花精油 5 滴

天竺葵精油 2 滴

工具

玻璃量杯

電子秤

攪拌刮勺

精華液容器（30ml）

作法 | How to Make

① 將玻璃量杯放在電子秤上，計量杏核油、黃金荷荷巴油與葡萄籽油。

② 加入維他命 E 與精油（真正薰衣草、橙花、天竺葵），用刮勺拌勻。

③ 倒入事先消毒過的容器中。

用法 | How to Use

倒出適量的指緣油，擦在指甲周圍並薄薄地塗開。

足部噴霧

足部護膚油

讓腳丫保持舒爽、無異味

足部護膚油

足部如果多汗，就會繁殖細菌、產生不好的味道，因此便製作了這款有抗菌、除臭效果的足部護膚油。佛手柑、天竺葵與雪松精油，能平衡皮脂分泌，對於因過度流汗而產生惡臭、發炎的腳，是很好的保養精油；也同時加入了有軟化角質與皮膚保濕效果的天然植物油。

難易度 🌢◌◌
膚質 多汗且潮濕的腳
功效 抗菌、除臭、保濕
保存 室溫
保存期限 2 ～ 3 個月

噴灑於因足癬而搔癢的足部噴霧

足部噴霧

足癬（香港腳）常讓人搔癢難耐，卻又無法盡情抓癢，令人感到尷尬為難。這款方便攜帶，能隨時噴灑的噴霧，只需噴灑在有足癬的部位，不只能殺菌、消毒，還有抗炎與修復效果，是有助於改善足癬的噴霧。

難易度 🌢◌◌
膚質 發炎、足癬
功效 改善足癬、清潔
保存 室溫
保存期限 3 ～ 6 個月

材料（30g）

油相層 荷荷巴油 10g

葡萄籽油 10g

橄欖油酸乙基己酯 10g

精油 佛手柑精油 5 滴

天竺葵精油 5 滴

雪松精油 2 滴

工具

玻璃量杯

電子秤

攪拌刮勺

精華液容器（30ml）

作法 | How to Make

① 將玻璃量杯放在電子秤上，計量油相層（荷荷巴油、葡萄籽油、橄欖油酸乙基己酯）的材料。

② 用刮勺拌勻後，加入精油（佛手柑、天竺葵、雪松）混合均勻。

③ 倒入事先消毒過的容器中，靜置一天待熟成後再使用。

用法 | How to Use

塗抹於腳掌、腳趾等整個足部並輕輕按摩。泡完能恢復腳部疲勞的足浴後，再塗抹於腳部也是不錯的方法。由於可能會造成刺激，請不要塗抹於傷口處。

材料（100g）

Aromade Base70（註）99g

茶樹精油 20 滴

廣藿香精油 5 滴

檸檬精油 5 滴

註：為 20% 的酒精、30% 的植物水與 2% 的乳化劑（Aromade Base70，韓國自製），可用來製作芳香劑或是除臭劑。

工具

玻璃量杯

電子秤

攪拌刮勺

噴霧容器（100ml）

作法 | How to Make

① 將玻璃量杯放在電子秤上，計量 Aromade Base70。

② 加入精油（茶樹、廣藿香、檸檬），並混合均勻。

③ 倒入事先消毒過的容器中，靜置一天待熟成後再使用。

用法 | How to Use

請直接噴灑於有嚴重足癬的部位或感到搔癢的地方。利用有抗菌效果的茶樹精油來進行足浴，也有助於改善足癬，在適溫的水中，滴入 2 滴左右的茶樹精油，將腳部浸泡約 30 分鐘，或是加入喜馬拉雅岩鹽 3 ～ 5 克，也是不錯的方法。也可以滴入 1 ～ 2 滴茶樹精油至平常穿的鞋子中。

+附加配方

足癬軟膏（30g）

將油相層（荷荷巴油 17g、山茶花油 5g、乳油木果脂 3g、蜜蠟 3g）和精油（茶樹精油 20 滴、廣藿香精油 5 滴、德國洋甘菊精油 3 滴）加熱後裝入容器中，待凝固後使用。

塗抹於乾裂疼痛的腳後跟

足部潤膚膏

難易度 ◆◆
膚質 粗糙乾裂的腳
功效 保濕
保存 室溫
保存期限 3 ～ 6 個月

由於腳後跟、手肘、踝關節的皮脂腺不發達，是很容易乾燥、角質硬化的部位。尤其是到了冬天，一旦疏於保養，就很容易角質乾裂並產生硬皮。無論是乾燥或乾裂疼痛的地方，任何部位都能塗抹的足部潤膚膏。

材料（100g）

油相層 植物羊毛脂 6g
　　　　 乳油木果脂 15g
　　　　 荷荷巴油 7g
　　　　 蜜蠟 5g
添加物 維他命 E 2g
精油 廣藿香精油 3 滴

工具

玻璃量杯
電子秤
攪拌刮勺
加熱板
溫度計
馬口鐵盒（50ml）

作法｜ How to Make

① 將玻璃量杯放在電子秤上，計量油相層（植物羊毛脂、乳油木果脂、荷荷巴油、蜜蠟）的材料。

② 將量杯放在加熱板上，一邊攪拌一邊加熱至蜜蠟完全融化為止。

③ 當溫度為 60℃ 時，加入維他命 E 與廣藿香精油再混合拌勻。

④ 倒入事先消毒過的容器中，靜置 1 ～ 2 天待熟成後再使用。

用法｜ How to Use

就寢之前，先將足部潤膚膏厚厚地塗在腳後跟，穿上襪子後再入睡。早上起床後，就能感受到原本乾硬粗裂的腳後跟變得柔軟。如果腳後跟的角質乾裂到嚴重疼痛程度，先將足部泡入熱水 10 分鐘，待腳部皮膚變柔軟後，使用去硬皮機將角質去除，再塗抹上潤膚膏。

→替代材料

荷荷巴油→甜杏仁油
蜜蠟→未精製蜜蠟

打造柔嫩平滑的雙足

足部護膚霜

腳部因乾燥而產生角質，或是腳後跟乾裂等各種狀況都會讓人感到在意，像是夏天不敢穿涼鞋，冬天穿絲襪出現勾線的情況，每到這種時候，就會想使用油潤的霜狀足部護膚霜。將柔軟質感的足部潤膚霜，厚厚地塗抹於整個腳部，再一邊按摩，接著穿上襪子睡覺，第二天就會出乎意料地變得柔嫩又平滑。

材料（100g）

水相層 迷迭香花水 38g

甘油 5g

AHA（果酸）萃取液 5g

油相層 荷荷巴油 10g

乳油木果脂 15g

植物羊毛脂 5g

橄欖乳化蠟 2g

蜜蠟（未精製）2g

添加物 蘆薈膠 15g

矽靈 2g

精油 3%的玫瑰精油加荷荷巴油
15 滴

迷迭香精油 5 滴

工具

玻璃量杯 2 個

電子秤

攪拌刮勺

加熱板

溫度計

迷你手持攪拌機

乳霜容器（100ml）

作法 | How to Make

① 將玻璃量杯放在電子秤上，依序計量水相層（迷迭香花水、甘油、AHA 萃取液）的材料。

② 用另一個量杯依序計量油相層（荷荷巴油、乳油木果脂、植物羊毛脂、橄欖乳化蠟、蜜蠟）的材料。

③ 將 2 個玻璃量杯放在加熱板上，加熱至 70 ～ 75℃。

④ 當 2 個量杯溫度為 70 ～ 75℃ 時，將油相層的量杯慢慢倒入水相層的量杯中，並用刮勺拌匀。中途要用迷你手持攪拌機攪拌 1 ～ 2 次，以產生黏度。

⑤ 當溫度下降至 50 ～ 55℃，加入添加物（蘆薈膠、矽靈）拌匀。

⑥ 滴入精油（3%的玫瑰精油加荷荷巴油、迷迭香），待溫度為 40 ～ 45℃ 時，倒入事先消毒過的容器中。

⑦ 靜置一天待熟成後再使用。

用法 | How to Use

這是具有油潤感的足部護膚霜，如果不喜歡黏膩感，請加入約 2 倍的蘆薈膠。

有助於傷口或疤痕的皮膚再生

鴯鶓油修護膏

許多時候，看到孩子在玩耍時受傷而產生的傷口，總是會覺得難過，因此便製作了這款有助於皮膚再生的修護膏。鴯鶓油是從鴯鶓的脂肪提煉出的天然油，有出色的修護效果，可使用於治療挫傷或燙傷，由於是方便攜帶的產品，無論何時都可以塗抹於傷口處。

材料（50g）

油相層 鴯鶓油 40g
　　　　乳油木果脂 5g
　　　　蜜蠟 3g
添加物 維他命 E 1g
精油 乳香精油 5 滴
　　　玫瑰精油 3 滴
　　　真正薰衣草精油 10 滴

工具

玻璃量杯
電子秤
攪拌刮勺
加熱板
溫度計
馬口鐵盒（50ml）

作法 | How to Make

① 將玻璃量杯放在電子秤上，計量油相層（鴯鶓油、乳油木果脂、蜜蠟）的材料。

② 將量杯放在加熱板上，加熱至材料完全融化為止，約為 65 ～ 70℃。

③ 將量杯從加熱板上取下，待溫度下降至 60℃ 時，加入維他命 E 與精油（乳香、玫瑰、真正薰衣草）再混合拌勻。

④ 倒入事先消毒過的容器中，靜置一天待熟成後再使用。

用法 | How to Use

鴯鶓油從數千年前開始，就被澳洲原住民拿來使用。從挫傷到燙傷都可以塗抹，用途廣泛，尤其對於皮膚再生有很好的效果。像脂類一樣為油潤的類型，如果不喜歡黏膩感，或屬於油性膚質，可將等量的鴯鶓膏和水混合後再塗抹。

能鎮靜被陽光曬傷的肌膚

曬後修護膏

難易度 ●●○

膚質 曬傷的皮膚

功效 鎮靜、緩和發炎

保存 室溫

保存期限 3 ～ 6 個月

曬傷又稱作 Sun Burn，指的是因為灼熱的陽光使皮膚受傷的現象，皮膚發紅的同時，還會感受到疼痛、發癢與灼熱感，嚴重的話還會長水疱，臉和身體浮腫，或是有發熱的症狀。加入能鎮靜肌膚的甜杏仁油，有治療曬傷效果的薔薇果油，就是能緩和曬傷的修護膏。

材料（50g）

油相層 甜杏仁油 16g

薔薇果油 10g

鴯鶓油 12g

蜜蠟（精製）5g

小燭樹蠟 3g

添加物 維他命原 B5 1g

葡萄柚籽萃取液 2g

精油 羅馬洋甘菊精油 5 滴

茶樹精油 20 滴

工具

玻璃量杯

電子秤

攪拌刮勺

加熱板

溫度計

馬口鐵盒（50ml）

作法 ｜ How to Make

① 將玻璃量杯放在電子秤上，計量油相層（甜杏仁油、薔薇果油、鴯鶓油、蜜蠟、小燭樹蠟）的材料。

② 將量杯放在加熱板上，加熱至完全融化為止，約為 65 ～ 70℃。

③ 將量杯從加熱板上取下，待溫度下降至 60℃ 時，加入添加物（維他命原 B5、葡萄柚籽萃取液）與精油（羅馬洋甘菊、茶樹）再混合拌勻。

④ 倒入事先消毒過的容器中，靜置一天待熟成後再使用。

用法 ｜ How to Use

如果是輕微的曬傷，初期只要擦上曬後修護膏就不會產生疤痕，並能很快癒合。請擦在曬傷的皮膚，或是曬黑的部位上，再薄薄地塗開。由於可能會造成刺激，請注意不要誤入眼睛。一旦曬傷，首先要用冷水或冷毛巾冷敷來鎮靜；如果冒出水疱，為了避免二次感染，絕對不能把水疱擠破。

想要避免曬傷，在陽光強烈的夏天，早上 11 點到下午 3 點，最好避免戶外活動，此外，無論在哪裡都要擦上足夠的防曬用品，由於會因為流汗或戶外活動而流失，請記得要隨時補擦。

→替代材料

小燭樹蠟→蜜蠟（精製）

葡萄柚籽萃取液→維他命 E

能舒緩鼻塞和鼻炎

鼻塞舒緩膏

難易度	💧💧
膚質	**鼻炎、鼻竇炎**
功效	**緩和鼻炎**
保存	**室溫**
保存期限	**3 ～ 6 個月**

因過敏性鼻炎、感冒或鼻竇炎造成鼻塞，會使專注力下降，還會引起頭痛，連覺都沒辦法好好睡，總是呈現昏沉的狀態。尤加利是對於支氣管與感冒很有效的精油，有鼻塞的症狀時，使用尤加利精油可改善發炎，還能使支氣管更強壯，非常實用。

材料（30g）

油相層 荷荷巴油 16g
山茶花油 5g
乳油木果脂 3g
蜜蠟 5g

添加物 維他命原 E 1g

精油 尤加利精油 3 滴
真正薰衣草精油 2 滴
茶樹精油 1 滴
綠花白千層精油 1 滴

工具

玻璃量杯
電子秤
攪拌刮勺
加熱板
溫度計
小圓管（15ml）2 個

作法 | How to Make

① 將玻璃量杯放在電子秤上，計量油相層（荷荷巴油、山茶花油、乳油木果脂、蜜蠟）的材料。

② 將量杯放在加熱板上，加熱至 65 ～ 70℃。

③ 待蜜蠟完全融化後，將量杯從加熱板上取下。

④ 待溫度下降至 60℃ 時，加入維他命 E 與精油（尤加利、真正薰衣草、茶樹、綠花白千層）再混合拌勻。

⑤ 倒入事先消毒過的容器中，靜置一天待熟成後再使用。

用法 | How to Use

像按摩一樣塗抹於鼻子周圍，如果是敏感性膚質，請注意有可能會造成刺激；不小心進入眼睛，要迅速用水洗淨。

尤加利精油具有緩和發炎、強化支氣管的功效，還能透過殺菌、消毒和抗炎作用與修復作用，來改善皮膚發炎的部位。

綠花白千層精油有抗菌與鎮痛的效果，會用來治療咳嗽、風濕、神經痛，也常用作牙膏或口腔噴霧的成分。

PART 5

放鬆的香氛配方
AROMA THERAPY

從植物中萃取出的純精油，
其清新芳香的香氣不只能治療疾病、美容肌膚，
對於釋放壓力與安定身心都有出色的效果，
試著做加入各種精油的擴香瓶、蠟燭、香水、室內噴霧吧！

芳香療法的主角——精油

清新芳香的香氣不只能美容肌膚，

對於治療疾病或減少壓力、安定身心，

都有出色的效果。

01. DIFFUSER

帶有隱隱香氣的居家造型裝飾

玫瑰芳香擴香瓶

難易度 ●○○
功效 芳香、空氣清淨
場合 臥室用

和使用人工香料的一般芳香劑相比，擴香瓶的特色是香氣較為清幽、高級，且擴散時間較長。不只能散發香氣，還能用來當成室內裝飾用品。做法也很簡單，選擇自己喜歡的精油或香精油後，和精製水與酒精混合，裝入漂亮的擴香用瓶子中，再插上闊香竹即可，請試做看看這款有熟悉玫瑰香氣的擴香瓶吧。

材料（200g）

精製水 40g
酒精 155g
香氛蠟燭用玫瑰香精油 80 ～ 100 滴
水溶性甘油色素（自選）2 滴

工具

玻璃量杯
電子秤
攪拌刮勺
擴香竹
擴香瓶（250ml）

作法 │ How to Make

① 將玻璃量杯放在電子秤上，先計量玫瑰香精油。

② 加入個人喜好顏色的水溶性甘油色素來調色。

③ 加入酒精並用刮勺拌勻。

④ 倒入量好分量的精製水。

⑤ 稍微混合後，裝入擴香瓶中，插上擴香竹。

用法 │ How to Use

做好的擴香瓶靜置 2 周待熟成後再使用，能感受到更溫和豐富的香氣。擴香的瓶子要選擇開口較窄的，擴香竹是幫助散發香氣的材料，最好 2 個月更換一次為佳。隨著時間慢慢過去，還能欣賞到擴香竹上色素慢慢渲染上來的模樣。

F.O. 為香精油（Fragrance Oil）的縮寫，香精油是以人工的方式製成，有高散發性並且種類多樣，常用來做成擴香瓶或蠟燭。

FL.O. 意指調味油（Flavor Oil），為了加強護唇膏等產品的香氣，所製作的油，也可當作香精油使用，優點是能聞到從精油中無法獲得的各種香味。

★注意事項

❶ 請放置於孩童觸碰不到的地方，如果孩童的手沾到擴香瓶內液體，用水清洗即可。

❷ 製作或補充擴香瓶時，如果皮膚直接接觸到精油，要先用牛奶清洗，再用水沖洗乾淨。

❸ 如果擴香瓶內液體不慎進入眼睛，先用植物油（食用油等）沖洗，情況嚴重的話，請不要忘記帶著精油一起到醫院就醫。不小心誤食擴香瓶液體時，處理方式也是一樣。國外原廠的精油瓶子上，多會標示緊急處置的方法，而韓國則對於精油的相關緊急治療較不熟悉。

能減輕壓力使心情平靜

舒壓擴香瓶

難易度 ●○○
功效 舒壓
場合 室內

感受到壓力時，可以打開窗戶呼吸一下新鮮空氣，或是深呼吸之後，讓心情沉澱下來。具有多種功效的精油，特別有緩和壓力的功效，混合各種精油，試著找出適合自己的舒壓香氛吧，也很適合當成禮物送給常感到緊張、有壓力的人。

材料（100g）

擴香劑基底 (註) 97g

迷迭香精油 36 滴

薄荷精油 12 滴

花梨木精油 12 滴

註：調配好的擴香劑原料，只需加入精油即可，主要成分為精製水、酒精和DPG（Dipropylene glycol，雙丙甘醇），也可以自行混合 7：3 的酒精和精製水。

工具

玻璃量杯

電子秤

攪拌刮勺

擴香瓶（100ml）

作法｜ How to Make

① 將玻璃量杯放在電子秤上，計量擴香劑基底和精油（迷迭香、薄荷、花梨木）。

② 用刮勺拌勻後，裝入擴香瓶中。

③ 靜置一周待熟成後再開始使用。

用法｜ How to Use

做好擴香瓶後，靜置 1～2 周熟成後，較能感受到深沉豐富的香氣。

＋附加配方

能舒壓的複方精油。

❶ 玫瑰草 36 滴、迷迭香 12 滴、天竺葵 2 滴。

❷ 佛手柑 36 滴、玫瑰草 24 滴。

能減輕壓力使心情平靜

各種功能的擴香瓶

根據加入的複方精油,擴香瓶不只有芳香的功能,還有放鬆、減輕失眠、提高專注力、防蚊等各種附加效果;甘油色素則是水溶性,選擇想要的顏色來添加即可。

有助於減輕失眠的擴香瓶（200g）

精製水 40g

酒精 154g

真正薰衣草精油 70 滴

馬鬱蘭精油 50 滴

食用甘油色素 2 滴

假使處於身心疲倦的狀況下,很累也沒有睡意時,將真正薰衣草精油 20 滴、馬鬱蘭精油 100 滴混合後,置於床邊。

空氣清淨擴香瓶（200g）

精製水 40g

酒精 154g

檸檬精油 60 滴

尤加利精油 40 滴

茶樹精油 30 滴

食用甘油色素 2 滴

放在做料理的地方、孩子在家裡玩耍的客廳,或是很多人一起工作的辦公室等,任何需要空氣清淨效果的地方。

減壓擴香瓶（200g）

精製水 40g

酒精 154g

佛手柑精油 100 滴

天竺葵精油 30 滴

食用甘油色素 2 滴

如果想要更清爽的感覺,可再添加 30 滴的檸檬精油;想要放鬆舒壓,可再加 30 滴的依蘭依蘭精油。

催情擴香瓶（200g）

精製水 40g

酒精 155g

茉莉精油 20 滴

依蘭依蘭精油 80 滴

食用甘油色素 2 滴

加入帶有性感和異國情調的依蘭依蘭精油,放在臥室或是床邊,能增加夫妻情感。

提高專注力的擴香瓶（200g）

精製水 40g

酒精 154g

迷迭香精油 80 滴

薄荷精油 50 滴

食用甘油色素 2 滴

請放在書房的書桌上。

注意事項

❶ 如果希望芳香擴香瓶的香味散發得更持久,可減少酒精的分量,改以精製水來取代。相反地如果香味變淡,就要再加入精油。

❷ 天氣越乾燥,擴香瓶內的液體就減少得更快,請依 40:60 的比例來加入精製水和酒精,也很推薦用蓋子或保鮮膜蓋住玻璃瓶口,用蓋子或保鮮膜擋住,香氣只會從擴香竹散發出去,就能維持更久的時間。

❸ 如果家中有小孩,請放置在高一點、觸碰不到的地方。不過放在高處,香氣可能無法完全散發出來,可稍微增加精油的分量,或是增加酒精的比例。

用不含有害物質的大豆蠟製成

基本香氛蠟燭

難易度 💧
功效 空氣清淨、芳香
燃燒時間 45 ～ 50 小時

將大豆蠟溶解後加入香精油，試著做成基本的香氛蠟燭吧。萃取自黃豆與植物中的成分製成的大豆蠟，是香氛蠟燭所使用的蠟原料中，最接近天然的材料，優點是不會產生許多氣泡，使用多次後依然能保持美觀，加上燃燒蠟燭也不會產生有害人體的物質，可以安心使用。

材料（210g）
環保大豆蠟 194g
香氛蠟燭用香精油（自選）16g

工具
玻璃量杯
電子秤
加熱板
溫度計
無煙燭芯 4 號
燭芯底座貼紙
燭芯掛架（木筷子）
蠟燭容器（7oz）

① 將玻璃量杯放在電子秤上，
計量大豆蠟。

② 量杯放在加熱板上，將大豆
蠟加熱融化。

③ 將 4 號無煙燭芯貼上燭芯底
座貼紙。

④ 將燭芯底座貼紙貼在事先消
毒過的容器底部中央處。

⑤ 待大豆蠟的溫度為60℃時，
加入選好的香氛蠟燭用香精
油，並仔細拌勻。

⑥ 溫度下降至 50℃ 時，倒入
容器中，利用燭芯掛架或木
筷子，將燭芯固定於中央。

⑦ 大豆蠟完全凝固後，將燭芯
用剪刀修剪至 5mm 長度。

用法 | How to Use

大豆蠟燭不會產生環境荷爾蒙等有害物質，雖然可以長時間使用，但最好不要燃燒
4 小時以上，大約 4 小時後，要將蠟燭吹熄並讓室內空氣流通；此外，由於點燃了
火源，請放置於寵物或孩童碰觸不到的地方。

大豆蠟為 100％ 大豆製成的蠟，燃燒時不會產生有害物質，和石蠟相比，燃燒時間
較長，由於凝固的溫度低，在低溫下才能加入精油。點燃火源時，火焰柔和且穩定，
表面能均勻燃燒，就不會產生氣泡，使用多次後依然能保持美觀。

05. CANDLE

由七種美麗的顏色所組合而成

彩虹香氛蠟燭

難易度 ◢◢◢
功效 空氣清淨、芳香
燃燒時間 45 ～ 50 小時

做過各種香氛蠟燭後，如果產生了自信，不妨來挑戰看看彩虹蠟燭吧。7種鮮明色彩在透明玻璃杯中，就如同彩虹一般耀眼的芳香蠟燭，不同的顏色加入不同的香精油，還能聞到多種的香氣，雖然是做法較複雜的蠟燭，一旦完成後，用來當成居家擺飾也毫不遜色。

材料（205g）

紅 環保大豆蠟 27g
　　固體色素（紅）0.2g
　　蠟燭香精油 2g

橙 環保大豆蠟 27g
　　固體色素（蜜桃）0.2g
　　蠟燭香精油 2g

黃 環保大豆蠟 27g
　　固體色素（黃）0.3g
　　蠟燭香精油 2g

綠 環保大豆蠟 27g
　　固體色素（森林綠）0.2g
　　蠟燭香精油 2g

藍 環保大豆蠟 27g
　　固體色素（藍）0.3g
　　蠟燭香精油 2g

靛 環保大豆蠟 27g
　　固體色素（藍＋黑）0.3g
　　蠟燭香精油 2g

紫 環保大豆蠟 27g
　　固體色素（紫羅蘭）0.3g
　　蠟燭香精油 2g

工具

玻璃量杯、電子秤、加熱板、溫度計、鋁製蠟燭模具、燭芯、燭芯掛架、玻璃棒、蠟燭容器（70oz）

作法 | How to Make

① 將玻璃量杯放在電子秤上，計量好大豆蠟的分量後，放在加熱板上加熱。

② 用紙杯來計量固體色素。

③ 待大豆蠟完全融化，溫度為 70 ～ 80℃ 時，將大豆蠟倒入紙杯中。

④ 仔細攪拌至紅色固體色素完全溶化。

⑤ 待溫度下降至 60 ～ 65℃ 時，加入蠟燭香精油，並仔細拌勻。

⑥ 固定蠟燭容器的燭芯。

⑦ 大豆蠟的溫度下降到 50 ～ 55℃ 時，倒入容器中。

⑧ 待大豆蠟完全凝固時，再以同樣步驟依序進行橙、黃、綠、藍、靛、紫其他顏色。

彩虹芳香蠟燭可以有各式各樣的變化，可以全部用一種香精油，只做顏色的變化，也可以每種顏色都加入不同的香精油；或是做成條紋造型的蠟燭，使用一種色素，以有色、無色、有色的方式來組成即可。蠟燭的色素也可依個人喜好來調整濃度，靛色是混合兩種顏色來呈現，以藍色為主，再添加少量的黑色，比例約為 9：1。

香氛蠟燭用香精油（F.O.）依個人喜好來選擇即可。混合色素與香精油時，請使用玻璃棒或藥匙，如果使用木筷子，可能會溶出漂白劑，使大豆蠟變混濁。

→替代材料

環保大豆蠟→純大豆蠟（Nature Wax）、Golden Wax

獨特又美麗的雪花結晶模樣

粉蠟筆蠟燭

難易度 ◆◆◇

功效 空氣清淨、芳香

燃燒時間 40 ～ 45 小時

在水晶棕櫚蠟中,加入粉蠟筆溶解後做成的蠟燭。從椰子果實中萃取出的水晶棕櫚蠟,由於會隨著倒入的溫度高低,產生不同模樣的雪花結晶,就能做出不同設計的蠟燭。隨著溫度升高,還可以一邊觀察會出現怎樣的模樣,別有一番樂趣。使用蠟燭時一定要用托盤,並注意避免引起火災。

材料(230g)

水晶棕櫚蠟 213g

粉蠟筆切段(金色) 1g

蠟燭香精油(L'Ombre dans l'Eau) 16g

工具

玻璃量杯

電子秤

加熱板

溫度計

鋁製蠟燭模具

燭芯

燭芯掛架

玻璃棒

作法 | How to Make

① 將玻璃量杯放在電子秤上,計量水晶棕櫚蠟。

② 量杯放在加熱板上加熱。

③ 將燭芯放入鋁製蠟燭模具下方的小洞,用萬用黏土固定。

④ 將鋁製蠟燭模具固定好,並用燭芯掛架使燭芯不會鬆動。

⑤ 待水晶棕櫚蠟完全融化,溫度為 95 ～ 100℃ 時,加入切成小段的粉蠟筆。

⑥ 用玻璃棒仔細攪拌,直到粉蠟筆完全融化為止。

⑦ 最後加入蠟燭香精油攪拌均勻。

⑧ 在溫度下降至 95℃ 之前,倒入鋁製蠟燭模具中。

⑨ 完全凝固後,將固定燭芯的萬用黏土剝除,再一邊慢慢地旋轉,一邊將蠟燭取出。

L'Ombre dans l'Eau 意思為「影中之水」,是蠟燭專用的香精油。在高級的香氛蠟燭品牌中,是人氣相當高的味道,由保加利亞玫瑰與黑醋栗所調和而成。與其說是香甜的玫瑰,更偏向青草和森林的香氣,中性中帶有時髦的魅力。在好幾種香精油中,選擇最適合自己的香味,也是製作芳香蠟燭的樂趣之一。

水晶棕櫚蠟是附著力低且有霧面感的蠟,製作蠟燭時不會沾到手上,非常便利,並且容易從蠟燭模具或容器中取出。特別的是會隨著倒入時的溫度、周邊環境、模具的不同,而出現不同模樣的結晶,增加製作的樂趣。比起一般的燭芯,更推薦使用 2 號大一點的燭芯。

做法簡單又安全的蠟燭

水蠟燭

水蠟燭的做法簡單又很安全，適合有小孩的家庭，或是露營等戶外使用的蠟燭，還可以活用紙杯或鋁杯等各種容器。由於燃點高，水蠟燭本身並無法點燃，選擇各式各樣的顏色和精油後，放入專用燭芯，就能簡單完成。

難易度
功效 空氣清淨、除臭、調整濕度
場合 室內、室外
燃燒時間 40 ～ 45 小時

材料（100g）

水蠟燭基底（無香）97g
松針精油 25 滴
萊姆精油 15 滴
乳香精油 10 滴
蠟燭專用液體色素 1 滴
水蠟燭專用燭芯

工具

玻璃量杯
電子秤
攪拌刮勺
蠟燭容器（5oz）

作法 | How to Make

① 將玻璃量杯放在電子秤上，依序計量水蠟燭基底、液體色素和精油。

② 將水蠟燭專用燭芯固定在容器中。

③ 攪拌均勻後，倒入蠟燭容器中。

用法 | How to Use

水蠟燭的容器要使用直徑 5cm 以上的杯子，清洗過後也可再次使用。有各種香氣的水蠟燭，即使不點燃，本身也會散發隱隱的香味，特色是沒有燭淚也不會燻黑，能完全燃燒。

水蠟燭的原料為含有植物性芥花油的高度精製礦物油，對人體無害。一般的石蠟油，溫度上升就可能會燃燒，但水蠟燭由於燃點高，油本身並不會燃燒。還可根據場所或空間調整使用量，放入好幾個燭芯，香氣散發的效果會更好。

＋附加配方

提高專注力的水蠟燭
❶ 水蠟燭基底（無香）100g、迷迭香精油 25 滴、薄荷精油 15 滴、廣藿香精油 10 滴
❷ 水蠟燭基底（無香）100g、羅勒精油 25 滴、萊姆精油 15 滴、花梨木精油 10 滴

08. PERFUME

表現品味製作專屬香水

香水

難易度 ◆△△
保存方式 室溫

香味能表現個人的喜好品味，因此每個人都會有至少一種喜歡的香水，為了轉換心情，或是當成贈禮，試著製作看看適合的香水吧。加入香水專用的香油，就能完成知名品牌的人氣香水，還能調整香味強度，放入小瓶子中隨身攜帶。

材料（40g）

酒精 30g

精製水 6g

DPG 1g

香水專用香精油 3g

工具

玻璃量杯

電子秤

攪拌刮勺

香水瓶（50ml）

作法 | How to Make

① 將玻璃量杯放在電子秤上，先混合酒精與香水專用香精油。

② 依序計量其餘的材料。

③ 用刮勺拌勻後，裝入事先消毒過的瓶子中。

④ 靜置約一周待熟成後再使用。

用法 | How to Use

請在各式各樣的香精油（F.O.）或香水品牌香精油中，選出自己喜歡的味道。做好香水後，經過約一周的熟成後，香味會更加豐富。如果做好馬上就使用，酒精的味道過強，可能會引起咳嗽的症狀。

將香水稍微噴灑在手腕內側或耳後即可，儘量不要讓香味過於強烈，並依個人喜好來調整。如果香味比原本想像濃時，可稍微增加酒精的分量；如果想維持較久的香氣，則是增加精製水即可。

DPG 為 D-Propylene Glycol 的簡稱，是能維持保濕效果且滲透力佳的原料。擴香瓶或香水所使用的 DPG，則是有減緩香味氧化速度的功用，有助於防止香味散發太快，或是擴香瓶內的液體快速減少。

＋附加配方

香水滾珠（14g）

將葵花籽油 1g、香水專用香精油 30 滴、維他命 E 5 滴混合，裝入滾珠瓶中，連同內蓋一起蓋上後，搖晃均勻即完成。

能長時間持續散發香氣的項鍊型香氛

香氛項鍊

混合幾種精油後,放入小墜子裡的攜帶型香水。不用噴灑,而是掛在脖子上的香氛用品,還能用來當成飾品,優點是能長時間持續隱隱的香氣,不過要注意精油不小心流出來或是沾到衣物。

難易度 ●◇◇
功效 香水
保存 室溫
保存期限 2～3 個月

材料（2ml）
精油（自選）30～40 滴
擴香瓶項鍊

作法 | How to Make

① 打開擴香瓶項鍊的塞子,慢慢滴入精油。

② 放回擴香瓶項鍊的塞子,靜置約一周待熟成後再使用。

用法 | How to Use

由於塞子為軟木材質,能讓香氣隱隱地散發出來。因為精油可能會流灑出來,保存時不要倒放,而是要掛起來,或是將精油另外取出分別保存。並注意不要沾到衣物。

＋附加配方

清新複方精油
檸檬精油 5 滴、茶樹精油 10 滴、花梨木精油 5 滴

放鬆複方精油
柑橘精油 5 滴、真正薰衣草精油 13 滴、檀香精油 2 滴

加強專注力精油
松針精油 3 滴、薄荷精油 12 滴、天竺葵精油 5 滴

有著清新迷人香氣的香水，不但能舒解壓力，還能展現出每個人獨特的個性。要不要試著拋開大眾化或千篇一律的味道，製作專屬的自己香氛呢？混合各種精油之後，就能設計出新的香味，也可以活用各式各樣的香精油來製作。

水相層

製作香水最基本的材料就是酒精和精製水兩種。酒精能幫助香味散發，精製水則是用來維持香氣。酒精和精製水的比例可以做各種變化，不同的賦香率，就能做出各種的香水。

	精製水（%）	酒精（%）	賦香率（%）	持續時間(%)
濃縮香水（Perfume）	0	100	15～30	5～7 小時
香水（Eau de Perfume）	10	90	8～15	5～6 小時
淡香水（Eau de toilette）	20	80	4～8	3～4 小時
古龍水（Eau de cologne）	30	70	3～5	1～2 小時
浴後香體露(shower cologne)	60～70	30～40	1～3	30 分以內

調香

活用芳香療法製作自己專屬的香水，或是調和各種香味試著做出豐富迷人的香氣。混合精油時，要依基調、中調、前調的順序加入，才能讓香氣更持久。

Christian Dior 品牌香水	CHANEL 品牌香水
葡萄柚 5 滴、橙花 4 滴、玫瑰 3 滴、依蘭依蘭 3 滴、檀香 3 滴、羅馬洋甘菊 2 滴	檸檬 6 滴、絲柏 4 滴、乳香 3 滴、薰衣草 3 滴、迷迭香 3 滴、天竺葵 2 滴

滿室芳療香氛的天然芳香劑

魔晶球芳香劑

車子裡或是廁所等空間一定都需要芳香劑吧，不使
用人工合成香料，改用天然芳香精油，做成這款讓
心情舒暢的芳香劑。魔晶球可用來當成芳香劑的基
本材料，加入水後，能看到吸附著色素與香氛的小
球，隨著時間慢慢變大。

難易度 ●△△
功效 去除異味、芳香
保存 室溫
保存期限 2 ～ 3 個月

材料（65g）

魔晶球 2g

精製水 54g

酒精 3g

天然色素 1/4 小匙

維多利亞的秘密愛的魔咒（Love
Spell）香精油 5 ～ 8g

葡萄柚籽萃取液 5 滴

DPG 0.5 ～ 1g

工具

玻璃量杯

電子秤

攪拌刮勺

芳香劑容器（100ml）

作法 | How to Make

① 將玻璃量杯放在電子秤上，先計量酒精、愛的魔咒香精油、葡
萄柚籽萃取液和 DPG，再攪拌均勻。

② 加入精製水和天然色素，用刮勺混合均勻。

③ 放入魔晶球，靜置大約 5 ～ 7 小時後就會膨脹。

用法 | How to Use

每隔一周到 15 天之間，稍微補充倒入一點精製水。請置放於需要芳香或除臭的地
方，並注意避免讓孩童的手觸碰。

天然色素可選擇紅、藍、綠、黃等顏色。如果加的不是天然色素，而是一般色素或
入浴劑，魔晶球就不會膨脹，請特別注意。

香精油（F.O）可從玫瑰、檸檬、薄荷等各種味道中，選擇個人喜歡的來調配。DPG
則有維持香氣的作用。

魔晶球是製作芳香劑的基本材料，芳香劑中需要放入能吸附味道的物質，而魔晶球
就具有這樣的功能。如果加入含有電解質或鹽的材料，可能會使魔晶球溶化，請特
別注意。

11. FRESHENER

富含芳療香氛的天然除臭劑

室內噴霧

做完料理後滿是食物的味道，或是有寵物異味時，可試試這款可消除味道的噴霧型天然除臭劑。優點是只要混合不同的精油，就能享受到多樣的香味，是一款簡單混合就能完成的室內噴霧。

難易度 ●◌◌
功效 除臭、芳香
保存期限 3 ～ 6 個月

材料（200g）
精製水 77g
酒精 120g
茶樹精油 10 滴
檸檬精油 30 滴
杜松子精油 20 滴

工具
玻璃量杯
電子秤
玻璃棒
噴瓶（250ml）

作法 | How to Make

① 將玻璃量杯放在電子秤上，計量酒精與精油（茶樹、檸檬、杜松子），再用玻璃棒拌勻。

② 加入精製水混合均勻。

③ 倒入事先消毒過的容器中。

用法 | How to Use

使用前先搖晃均勻，再從距離 20 公分處噴灑。由於有些精油的顏色可能會沾附在衣服或寢具上，請務必要保持一定距離噴灑。

茶樹精油具有抗病菌、抗菌及增加免疫力的作用，還有增加身體抵抗力的功效。

檸檬精油散發著香甜的香氣，有優秀的抗菌、殺菌、除臭效果，還能當成纖維柔軟劑來使用。

充滿芬療香氛的裝飾用芳香劑

石膏芳香劑

難易度 ◍◌◌
功效 空氣淨化、芳香
保存期限 半永久

從石膏做成的裝飾品中，散發出隱約香氣的芳香劑。利用石膏粉與模具，就能做出小熊、鑰匙、天使、茶匙等各種造型的石膏。請試做看看還能用來當做室內擺飾的芳香劑吧。

材料（165g）

石膏粉 100g
精製水 50g
橄欖液 5g
fresh 的紅糖檸檬（Sugar Lemon）
香精油 10g

工具

玻璃量杯
電子秤
玻璃棒
模具

作法 │ How to Make

① 將玻璃量杯放在電子秤上，計量石膏粉。

② 加入精製水，大約過 1 ～ 2 分鐘後，會產生氣泡。

③ 待氣泡快消失時，用玻璃棒攪拌均勻。

④ 將石膏拌得細緻後，加入橄欖液、紅糖檸檬香精油混合。

⑤ 慢慢倒入模具中。

⑥ 完全凝固後，從模具中取出，乾燥一天後再使用。

用法 │ How to Use

石膏芳香劑的香味能維持 2 ～ 3 個月，之後再一滴一滴慢慢滴上精油、蠟燭香精油或香水品牌香精油等，就能繼續使用，也可以噴上用不完的香水。製作湯匙造型的芳香劑時，如果不加入香味，還能用來當做擴香瓶的的小棒子。

能使身心平穩安定

舒壓室內噴霧

難易度 ●△△
功效 舒壓
保存 室溫
保存期限 3 ～ 6 個月

要煩惱的事情多、總是蠟燭兩頭燒的人，大部分都是處於極度壓力的
狀態下，壓力過大還會帶來失眠、免疫力下降、憂鬱症等各種副作用。
忙碌的一天結束後，請在休息的臥房中噴灑芳療香氛，讓身心都感到
平穩安定，試著製作這款能趕走壓力的室內噴霧吧。

材料（100g）

Aromade Base70 97g
真正薰衣草精油 40 滴
甜橙精油 10 滴
檀香精油 10 滴

工具

玻璃量杯
電子秤
玻璃棒
噴瓶（120ml）

作法 ｜ How to Make

① 將玻璃量杯放在電子秤上，計量 Aromade Base 與精油（真正薰
衣草、甜橙、檀香），再混合均勻。

② 倒入事先消毒過的容器中，靜置一周待熟成後再使用。

用法 ｜ How to Use

酒精不只有助於散發香氣，還是有優秀消毒效果的材料，因此我們所使用的芳香劑
或殺菌消毒劑中，都會添加用精製水稀釋的酒精。酒精本身具有微生物無法繁殖的
條件，因此無需擔心會腐壞。

Aromade Base 是添加了酒精、精製水與 DPG 的基底，能活用於芳香劑、除臭劑、
防蟲噴霧等。

＋附加配方

客廳用室內噴霧
佛手柑精油 30 滴、萊姆精油 20 滴、松針精油 10 滴

14. FRESHENER

能幫助睡眠的寢具用芳香噴霧

舒壓寢具噴霧

難易度 ◑◌◌
功效 舒壓
保存 室溫
保存期限 3 ～ 6 個月

好好睡上一覺再神清氣爽地起床，應該沒有比這更能讓人覺得幸福了
吧？能讓心情平靜沉澱下來，幫助進入睡眠的舒壓噴霧，在就寢之
前，請噴灑於棉被與枕頭等寢具上，其中的橙花是能有效舒緩精神緊
張與壓力的精油，和芳香的氣味一起入眠，再舒暢地醒來迎接美好的
一天吧。

材料（100g）

Aromade Base70 99g
真正薰衣草精油 12 滴
橙花精油 3 滴

工具
玻璃量杯
電子秤
玻璃棒
噴瓶（120ml）

作法 | How to Make

① 將玻璃量杯放在電子秤上，計量 Aromade Base 與精油（真正薰
衣草、橙花），再混合均勻。

② 倒入事先消毒過的容器中，靜置一周待熟成後再使用。

＋附加配方

成人用舒壓寢具噴霧
佛手柑精油 10 滴、乳香精油 5 滴

幼兒、青少年用舒壓寢具噴霧
❶ 真正薰衣草精油 12 滴
❷ 甜橙精油 10 滴、羅馬洋甘菊精油 2 滴

能同時芳香與除臭

除臭芳香劑

試做看看能消除車內或廁所裡的臭味，並留下清爽幽香的除臭芳香劑
吧。可依個人喜好調配複方精油，將多種精油混合試著做做看吧。

材料（200g）

精製水 138g
酒精 50g
HCO60 3g
茶樹精油 40 滴（2g）
檸檬精油 80 滴（4g）
萊姆精油 60 滴（3g）

工具

玻璃量杯
電子秤
加熱板
玻璃棒
噴瓶（250ml）

作法 │ How to Make

① 將玻璃量杯放在電子秤上，計量精製水、酒精和 HCO60。

② 將玻璃量杯放在加熱板上，加熱至 50 ～ 60℃。

③ 加入酒精並用玻璃棒攪拌均勻。

④ 待溫度為 40 ～ 50℃ 時，加入精油（茶樹、檸檬、萊姆）混合均勻。

⑤ 裝入事先消毒過的容器中。

用法 │ How to Use

噴灑於沾附到汗味等臭味的衣服、有異味的鞋子、布沙發、窗簾等，也可使用於車內、廁所或其他有異味的空間。如果目的是要消除味道、除臭，可稍微增加酒精的分量；如果是希望有更清新的香氣，則是減少酒精的分量即可。

HCO60 為一種溶劑，能使不溶於水的物質被溶解，也就是能讓精油均勻混合於精製水中的材料。使用既有的溶劑和水混合時，要加入的分量是油的 2 ～ 3 倍以上；HCO60 只需加入一半，就能完全溶解乾淨。由於 HCO60 是像棕櫚油或椰子油一般的固體形態，要先隔水加熱後再使用。

＋附加配方

除菸味
精製水 25g、酒精 73g、檸檬精油 30 滴、茶樹精油 20 滴、檸檬香茅精油 10 滴

空氣清淨
精製水 27g、酒精 70g、松針精油 30 滴、檸檬精油 20 滴、檸檬香茅精油 10 滴

去霉味
精製水 10g、酒精 82g、肉桂葉精油 25 滴、檸檬精油 20 滴、真正薰衣草精油 30 滴

殺菌
精製水 10g、酒精 82g、天竺葵精油 30 滴、檸檬精油 20 滴、茶樹精油 20 滴

保養品化工材料行　店家資訊

● de 第一化工／第一化妝品

官網：https://www.firstnature.com.tw

台北南京旗艦店

地址：台北市中山區南京東路二段 36 號
營業時間：9：00 ～ 21：00
電話：02-2581-1100

台北天水總店

地址：台北市天水路 43 號
營業時間：週一至週六 8：30 ～ 19：00
週日 12：00 ～ 18：00
電話：02-2559-8101

台北統一時代百貨台北店

地址：台北市忠東路五段 8 號 6 樓
營業時間：週日至週四 11：00 ～ 21：30
週五、週六及例假日前夕 11：00 ～ 22：00
電話：02-8780-5511

台北京站時尚門市

地址：台北市承德路一段 1 號 B1
營業時間：平日及例假日 11：00 ～ 21：30
例假日前一日 11：00 ～ 22：00
電話：02-2550-2101

台北華陰門市

地址：台北市華陰街 77 號
營業時間：週一至週日 10：00 ～ 21：00
電話：02-2558-5111

台北環球購物中心中和店

地址：新北市中和區中山路三段 122 號 1 樓
營業時間：週一至週日 11：00 ～ 22：00
電話：02-2226-7117

台北環球購物中心板橋店（板橋火車站 B1）

地址：新北市板橋區縣民大道二段 7 號 B1
營業時間：週一至週日 11：00 ～ 22：00
電話：02-8969-8511

台北板橋麗寶百貨廣場店

地址：新北市板橋區縣民大道二段 3 號 1 樓
營業時間：週一至週五 11：00 ～ 22：00
週六日及例假日 10：30 ～ 22：00
電話：02-2271-1101

中壢大江購物中心

地址：桃園市中壢區中園路二段 501 號 1 樓
營業時間：週一至週四 11：00 ～ 22：00
週五、週六 11：00 ～ 22：30
週日 11：00 ～ 22：00
電話：03-468-0101

台中台灣大道門市

地址：台中市中區台灣大道一段 337 號
營業時間：週一至週日 9：00 ～ 21：00
電話：04-2220-7777

台南 focus 門市

地址：台南市中西區中山路 166 號 1 樓
營業時間：週一至週日 11：00 ～ 22：00
電話：06-226-1101

台南南紡購物中心

地址：台南市東區中華東路一段 366 號 2 樓
營業時間：週一至週日 11：00 ～ 22：00
電話：06-238-8101

高雄 巨蛋直營門市

地址：高雄市左營區新庄仔路 179-1 號
營業時間：週一至週日 11：00 ～ 21：00
電話：07-348-1101

屏東環球購物中心屏東店

地址：屏東市仁愛路 90 號 1 樓
營業時間：週日至週四 11：00 ～ 22：00
週五週六及例假日前夕 11：00 ～ 22：30
電話：08-7668-661

● 綠漾小鋪 中興化工原料行

官網：http://www.missjo.com.tw/

台中忠孝總店

地址：台中市南區忠孝路 135-1 號
營業時間：周一至周日 9：00 ～ 20：30
電話：04-2287-5705

台中逢甲店

地址：台中市西屯區黎明路三段 248 巷 3 號
營業時間：周二至周五 10：00 ～ 20：30
周六至周日 10：00 ～ 20：00（每周一公休）
電話：04-2706-8396

花蓮店

地址：花蓮市中福路 83 號
營業時間：13：00 ～ 22：00（週日公休）
電話：03-835-2401

南投埔里中山店

地址：南投縣埔里鎮中山路四段 126-3 號
營業時間：9：00 ～ 18：00
電話：049-2911-717

南投埔里忠孝店

地址：南投縣埔里鎮忠孝路 166 號
營業時間：10：00 ～ 20：00（每週二公休）
電話：0909-937-188

南投草屯店

地址：南投縣草屯鎮富林路二段 101 號
營業時間：11：00 ～ 21：00（每週日公休）
電話：049-235-8886

高雄鼎山店

地址：高雄市三民區鼎山街 554 號
營業時間：9：00 ～ 20：30（每週日公休）
電話：07-394-3427

屏東店

地址：屏東市杭州街 13 號
營業時間：10：00 ～ 21：00（每週日公休）
電話：08-732-4958

台南永康店

地址：台南市永康區復國一街 510 號
營業時間：10：00 ～ 20：30（每週日公休）
電話：06-203-8974

台南永福店

地址：台南市中西區永福路一段 38 號 2 樓【蜜多美顏】
營業時間：10：00 ～ 18：00（每週一公休）
電話：0972-881-662

● 順憶化工

地址：台中市北屯區文心路 4 段 343 號
營業時間：週一至週六 8：00 ～ 19：00
週日 10：00 ～ 15：00
電話：04-22454169
官網：http://www.sese.tw/

● 城乙化工

官網：https://www.meru.com.tw/

天水總店

地址：台北市大同區天水路 39 號
營業時間：週一至週六 8：30 ～ 20：00
周日及例假日 10：00 ～ 18：00（每周一公休）
電話：02-2559-6118

內湖成功店

地址：台北市內湖區成功路四段 30 巷 49 號
營業時間：周一至周日 10：00 ～ 20：00
電話：02-2791-0607

太原旗艦店

地址：台北市大同區太原路 15-1 號
營業時間：週一至週日 10：00 ～ 20：00
電話：02-2550-8004

台南加盟店

地址：台南市中西區中山路 83 號
營業時間：週一至週日 11：00 ～ 21：00
電話：06-2215-100

● 明仁堂

地址：台北市內湖區新明路 333 巷 14 弄 6 號
營業時間：週二至週六 9：00 ～ 21：00（週日週一公休）
電話：02-2791-1541
官網：http://lihjeou.shop2000.com.tw/

● 橄欖綠

官網：http://www.spasoap.com.tw

台南店

地址：台南市東區裕農路 975-8 號
營業時間：9：30 ～ 20：00（週日公休）
電話：06-2382-789

九如店

地址：高雄市三民區九如一路 549 號
營業時間：9：30 ～ 20：00（週日公休）
電話：07-3808-717

生活樹系列 054

韓國第一品牌，天然手作保養品 170 款獨門配方

作 者	蔡柄製、金勤燮
譯 者	黃薇之
總 編 輯	何玉美
選 書 人	紀欣怡
主 編	紀欣怡
封 面 設 計	萬亞雰
版 型 設 計	萬亞雰
內 文 排 版	許貴華

出 版 發 行	采實出版集團
行 銷 企 劃	陳佩宜・陳詩婷・陳苑如
業 務 發 行	林詩富・張世明・吳淑華・林坤蓉・林踏欣
會 計 行 政	王雅蕙・李韶婉
法 律 顧 問	第一國際法律事務所　余淑杏律師
電 子 信 箱	acme@acmebook.com.tw
采實粉絲團	http://www.facebook.com/acmebook

I S B N	978-986-95473-4-5
定 價	420 元
初 版 一 刷	2017 年 12 月
劃 撥 帳 號	50148859
劃 撥 戶 名	采實文化事業股份有限公司
	104 台北市中山區建國北路二段 92 號 9 樓
	電話：(02)2518-5198
	傳真：(02)2518-2098

國家圖書館出版品預行編目資料

韓國第一品牌，天然手作保養品 170 款獨門配方
／蔡柄製，金勤燮作；黃薇之譯 . -- 初版 . -- 臺北市：
采實文化，2017.12
　　面；　公分 . -- (生活樹系列；54)
ISBN 978-986-95473-4-5(平裝)

1. 化粧品

466.7　　　　　　　　　　　　　　106018064

고르고 고른 천연 화장품 레시피 170 : 천연 재료 쇼핑몰 왓슴의
10 년 노하우를 담다
Copyright © 2016 by Chae byung je & Kim keun sub
All rights reserved.
Original Korean edition published by PAN n PEN
Chinese(complex) Translation rights arranged with PAN n PEN
Chinese(complex) Translation Copyright © 2017 by ACME
Publishing Co., Ltd
Through M.J. Agency, in Taipei.